MONIKA WEGLER

LIEBENSWERTE
ZWERG-
KANINCHEN

SO FÜHLEN SIE SICH WOHL

Quickstart

Die wichtigsten Infos vorab

1

Minis auf der Spur

Vom Wildkaninchen zum Rassezwerg

2
Sinne und Verhalten
Das ist typisch Zwergkaninchen

3
Platz zum Hoppeln
Zwergkaninchen artgerecht unterbringen

4
Grün ist Trumpf
Das haben Zwerge zum Fressen gern

5
Gesund und schön
Das ist wichtig

6

Aktiv und topfit

Abwechslung für kleine Fellnasen

Zum Nachschlagen

DIE GU-QUALITÄTS-GARANTIE

Wir möchten Ihnen mit den Informationen und Anregungen in diesem Buch das Leben erleichtern und Sie inspirieren, Neues auszuprobieren. Bei jedem unserer Produkte achten wir auf Aktualität und stellen höchste Ansprüche an Inhalt, Optik und Ausstattung. Alle Informationen werden von unseren Autoren und unserer Fachredaktion sorgfältig ausgewählt und mehrfach geprüft. Deshalb bieten wir Ihnen eine 100 %ige Qualitätsgarantie.

Darauf können Sie sich verlassen:
Wir legen Wert auf artgerechte Tierhaltung und stellen das Wohl des Tieres an erste Stelle. Wir garantieren, dass:
• alle Anleitungen und Tipps von Experten in der Praxis geprüft und
• durch klar verständliche Texte und Illustrationen einfach umsetzbar sind.

Wir möchten für Sie immer besser werden:
Sollten wir mit diesem Buch Ihre Erwartungen nicht erfüllen, lassen Sie es uns bitte wissen! Wir tauschen Ihr Buch jederzeit gegen ein gleichwertiges zum gleichen oder ähnlichen Thema um. Nehmen Sie einfach Kontakt zu unserem Leserservice auf. Die Kontaktdaten unseres Leserservice finden Sie am Ende dieses Buches.

GRÄFE UND UNZER VERLAG
Der erste Ratgeberverlag – seit 1722.

QUICKSTART INS GLÜCK

Sie wünschen sich ein Zwergkaninchen, sind sich aber noch nicht sicher, ob die kleinen Fellnasen zu Ihnen passen? Welche Voraussetzungen müssen erfüllt sein, damit sie sich wohlfühlen? Was kosten Anschaffung und Unterhalt der Tiere? Verschaffen Sie sich auf den folgenden Seiten einen ersten Überblick.

Typisch Zwergkaninchen

So leben sie

Ob Minizwerg oder Schlappohr, alle unsere Kaninchen sind Nachkommen des Europäischen Wildkaninchens. Noch immer schlummert in ihnen tief verwurzelt das Wesen und Verhalten ihrer wilden Vorfahren. ▶ S. 22-24

Leben in der Kolonie: Wildkaninchen leben gesellig in Gruppen mit einer festen Rangordnung. Wollen Sie später »keinen Zoff in der Bude«, gilt es von Anfang an, die ideale Gruppe zu wählen. ▶ S. 52-53

Im Schutz des Baus: Kaninchen graben Tunnel und ziehen sich in ihre Höhlen zurück, sobald Gefahr droht. Freie, offene Flächen meiden sie, denn ihre Fressfeinde lauern überall. Auch Ihre kleinen Fellnasen brauchen ausreichend Versteckmöglichkeiten und eine Sandkiste, in der sie buddeln und scharren können. ▶ S. 68

Dämmerungsaktiv: Am Morgen und vom späten Nachmittag bis zum Abend hin sind die kleinen Racker am muntersten. In diesen Zeiten freuen sich Kaninchen über Abwechslung und Beschäftigung. Mittags relaxen die Tiere gern und wollen ihre Ruhe. ▶ S. 124-129

Eltern-TIPP

Kaninchen für mein Kind?
Aus eigener Erfahrung weiß ich, wie schwer es fällt, Nein zu sagen, wenn sich das eigene Kind von Herzen eine Fellnase wünscht. Voraussetzungen sind: Mindestens Schulalter und vom Temperament her ein eher ruhiges Kind. Dies harmoniert mit dem Wesen der Kaninchen. Für einen allzu wilden »Treibauf« sind Kaninchen ungeeignet.

Nagen und markieren

Da die Zähne von Kaninchen immer nachwachsen, müssen sie nagen. Für die natürliche Zahnabnutzung brauchen sie viel Heu, Grünfutter und Zweige. ▶ S. 82-89
Kaninchen markieren ihr Revier mit Sekret aus den Kinn- und Geschlechtsdrüsen, aber auch durch Absetzen von Kotpillen. Kalkulieren Sie ein, dass Ihre Zwerge vielleicht nicht ganz stubenrein werden. Falls es nicht klappen sollte, hilft nur Saubermachen, ein Schuss Humor und Toleranz. ▶ S. 135-136

Das mögen Kaninchen

1. Kaninchen sind von Natur aus gesellig. Sie benötigen mindestens einen Artgenossen, um glücklich leben zu können.
2. Richten Sie Ihren Fellnasen ein Zimmergehege ein, in dem sie nach Herzenslust frei hoppeln dürfen. Pro Zwerg mindestens 2 qm; je mehr Platz, desto besser.
3. Kinder lieben die niedlichen Zwerge. Für ein harmonisches Miteinander benötigen Kinder jedoch von Anfang an die verantwortungsvolle Anleitung ihrer Eltern.
4. Sprechen Sie die Tiere stets mit sanfter Stimme an. Das schafft Vertrauen.
5. Üben Sie sich in Geduld, wenn sich die Kleinen nicht gleich zutraulich verhalten. Jeder Zwerg ist anders, und mit Hektik erreichen Sie nur das Gegenteil.

Das mögen sie nicht

1. Einzelhaltung ist nicht artgerecht. Ohne Artgenossen kann der Zwerg sein vielfältiges Sozialverhalten nicht ausleben.
2. Eingesperrt in einem Zimmerkäfig, lebt das bewegungsfreudige Kaninchen wie in einem Gefängnis.
3. Kaninchen möchten nicht ständig geknuddelt werden. Drängen Sie sich in diesem Fall nicht auf und laufen Sie dem Tier nicht nach.
4. Hektik und Lärm stressen Kaninchen. Auf Dauer kann dies Verhaltensprobleme und Krankheiten auslösen.
5. Ergreifen Sie den Zwerg nie unvorbereitet von oben, ziehen Sie ihn nie an den Ohren, necken Sie ihn auch nicht »zum Spaß« oder schreien ihn an. Er verliert sonst das Vertrauen zu Ihnen.

Zwergkaninchen & andere Mitbewohner

Nie allein!

Zwergkaninchen sind gesellige Tiere und wollen auf keinen Fall allein leben. Ohne Frage sind ihnen Artgenossen als Partner am liebsten, denn nur so können sie ihr vielfältiges Sozialverhalten ausleben. Doch was tun, wenn schon andere Tiere mit im Haus leben? Passen sie als Sozialpartner zu den Zwergen?

Zwerge & Meerschweinchen

Meerschweinchen werden gern einem Zwerg als Partner zugesellt. Doch beide Tiere haben wenig gemein, Missverständnisse sind vorprogrammiert. Sie sprechen verschiedene Sprachen. Und oft zieht das Schweinchen – kommt es zu einer Auseinandersetzung – den Kürzeren. In einem großen Gehege kann man jedoch Gruppen beider Tierarten zusammen halten.

Zwerge & Katze, Hund und Vögel

Katzen sind Raubtiere, und ihr Spielverhalten kann wortwörtlich »bös' ins Auge gehen«! Ich lebe selbst seit über 30 Jahren mit Kaninchen und Katzen zusammen, wobei ich gewisse Spielregeln beachte. Außer »Bubi«, eine Kleinschecke, der frei in meinem gesicherten Garten lebt und vor dem alle meine Miezen großen Respekt haben, sind meine Zwerge separat untergebracht. Vor allem meine Minizwerge und die Jungtiere, die noch ins Beuteschema von Katzen passen, würde ich nie unbeaufsichtigt frei mit meinen Katzen herumlaufen lassen.

Hunde sind Rudeltiere und können mit dem Kaninchen Burgfrieden, ja sogar Freundschaft schließen. Vorausgesetzt, sie sind gut erzogen und keine tollpatschigen Welpen mehr. Trotzdem sollten Sie die Tiere stets im Auge behalten.
Vögel, sofern sie leise zwitschern, beeinträchtigen das Wohlbefinden der Zwerge nicht. Ganz anders verhält es sich mit Papageien oder Nymphensittichen. Deren schrille, hohe Laute kommen den Rufen von Greifvögeln gleich und versetzen die Kaninchen in Angst und Schrecken. Eine solche Dauerbeschallung ist nichts für sensible Kaninchenohren!

Mir ist langweilig.
Wo sind denn nur
meine Kumpel?

HALTUNG UND KOSTEN

Damit sich Ihre Zwerge bei Ihnen wohlfühlen, benötigen sie eine artgerechte Unterbringung und Ausstattung. Dazu kommen laufende Kosten für Verpflegung und Tierarzt.

DIE ANSCHAFFUNGSKOSTEN

Kaufpreis pro Tier	◆ Rassezwerg vom Züchter	30–50 €
	◆ Zwergkaninchen aus der Zoohandlung	50 €
	◆ Zwergwidder, Löwenkopf oder Teddy	bis zu 75 €
	◆ Zwergkaninchen aus dem Tierheim	Werden kastriert gegen eine Spende abgegeben; bitte fair bleiben und mindestens 50 € spenden!
Unterkunft	◆ großer Zimmerkäfig	40–150 €
	◆ Etagenkäfig	180 €
	◆ Freigehege aus Gitterelementen	40 € (ich habe für meinen Zimmerauslauf 2 Gehege verwendet)
	◆ Kaninchenstall Outback	150–300 €
	plus zusätzlichem Freigehege	70 €
	◆ Holzhaus	30 €
	◆ 3 Keramiknäpfe für Futter und Wasser	je 5 €
	◆ Heuraufe, Heubollerwagen	5 € und 8 €
	◆ Toilettenschale/Katzentoilette	5 €/10–20 €
	◆ 2 Weidenbrücken (als Tunnel und Einstiegshilfe)	5 €
	◆ Grasröhre, Weidentunnel	12 € und 10 €
Pflegeartikel	◆ Bürste, Striegel, Kamm	je 15 €
	◆ Krallenzange	6 €

KOSTEN PRO MONAT FÜR ZWEI ZWERGKANINCHEN

Einstreu	◆ Holzspäne → S. 64	3 €
	◆ Stroh (zusätzlich zur Holzspäne)	5 €
	◆ Pflanzengranulat → S. 67	5 €
Futter	◆ Heu, Grün- und Saftfutter im Winter	80 €
	◆ im Sommer (mit zusätzlichem Grünfutter aus der Natur)	40 €

EINMALKOSTEN

Impfung gegen RHD und Myxomatose	15–30 €
Kastration Rammler	40–80 € (Preisgefälle zwischen Land und Großstadt)

Passen Kaninchen zu mir?

Junge Zwergkaninchen sind entzückend. Nur allzu leicht hat man sich verliebt in die niedlichen »Häschen« mit ihrem samtigen Fell und den großen Knopfaugen. Vor allem Kinder wollen die süßen Kleinen sogleich in den Arm nehmen und beschmusen. Doch lassen Sie sich bitte nicht verführen zu einem spontanen Kauf, den Sie später vielleicht bereuen. Unsere Tierheime sind voll von Kaninchen, die angeschafft wurden unter falschen Voraussetzungen und einer Erwartungshaltung, die dann nicht erfüllt wurde. Bedenken Sie, dass Zwergkaninchen 10 bis 12 Jahre alt werden können. In dieser langen Zeit wollen sie artgrecht versorgt werden. Gehören die Fellnasen Ihren Kindern, liegt dennoch die Verantwortung für das Wohlergehen der Tiere mit bei Ihnen. Manchmal währt die Freude an den Zwergen nur kurz, denn sie stellen durchaus hohe Ansprüche an die Haltung, bleiben nicht immer so lieb und sanft, können auch mal recht kratzbürstig sein und so manchen Blödsinn anstellen. Wenn sich die Kinder nicht mehr um die Tiere kümmern wollen, geht die Verantwortung in Ihre Hände über.

Neugierig schaut der junge Löwenkopf-Zwerg aus dem Weidentunnel.

Eltern-TIPP

Konsequent bleiben
Ich kann mich noch gut erinnern, wie das war mit meinen beiden Kindern und ihrer »Fürsorge«. Oft fühlte sich keiner so recht zuständig. Die Lösung war ein gemeinsam erstellter Aufgabenplan mit den täglichen Pflichten für jedes Kind. Mit etwas Unterstützung und Konsequenz kann so jedes Kind seinem Alter entsprechend eingebunden werden.

ÜBERLEGUNGEN VOR DER ANSCHAFFUNG

In diesem Test können Sie überprüfen, ob Zwergkaninchen zu Ihnen passen und ob Sie alle wichtigen Voraussetzungen dafür erfüllen.

	JA	NEIN
1. Ein Kaninchen wird nicht immer stubenrein. Lässt sich dies mit Ihrem Ordnungssinn vereinbaren?	☐	☐
2. Sind alle Familienmitglieder frei von Allergien gegen Tierhaare?	☐	☐
3. Kaninchen werden bis zu 10 Jahre alt. Können Sie so lange die Versorgung der Tiere gewährleisten?	☐	☐
4. Damit sich die Zwerge bei Ihnen wohlfühlen, benötigen sie ein geräumiges Gehege. Haben Sie ausreichend Platz für Unterkunft und Auslauf?	☐	☐
5. Wohin mit den Kaninchen im Urlaub? Haben Sie Bekannte, Nachbarn oder Freunde, die in dieser Zeit die Tiere versorgen, bzw. sind Sie bereit, einen Tiersitter zu bezahlen?	☐	☐
6. Sind die Zwerge ein Kinderwunsch, bringen Sie die Geduld und Zeit auf, Ihr Kind ausreichend anzuleiten?	☐	☐
7. Halten Sie schon Tiere und haben Sie überprüft, ob sich diese mit Kaninchen vertragen bzw. ob eine räumliche Trennung möglich ist?	☐	☐
8. Kaninchen können sich verletzen oder krank werden. Ist Ihnen bewusst, dass hierbei Kosten entstehen können über einige Hundert Euro?	☐	☐
9. Kaninchen nagen alles an, was ihnen zwischen die Zähne kommt. Können Sie gegebenenfalls mit solchen Schönheitsfehlern und Schäden an Ihren Einrichtungsgegenständen leben?	☐	☐
10. Nicht alle Zwerge werden zutraulich. Respektieren Sie dies und sind auch mit dem Beobachten zufrieden?	☐	☐

Auflösung:
0–4 Antworten mit Ja: Kaninchen scheinen – zumindest im Moment – nicht die geeigneten Heimtiere für Sie zu sein.
5–9 Antworten mit Ja: Schon viel besser. Hinterfragen Sie trotzdem kritisch die verneinten Fragen.
10 Antworten mit Ja: Gratuliere! Sie erfüllen beste Voraussetzungen.

Beginnt **ein Kaninchen**
sich zu putzen,
fühlt es sich sicher!

Die ideale Wohngemeinschaft

Junge Zwergkaninchen, auch wenn sie aus unterschiedlichen Würfen stammen, kann man problemlos vergesellschaften. Dies ändert sich jedoch schlagartig, sobald die Tiere beginnen geschlechtsreif zu werden. Das ist ab dem dritten Lebensmonat der Fall. Ein Schock für viele Halter, wenn sich ihre sanften Lieblinge urplötzlich in Raufbolde und aggressive Zicken verwandeln! Aus diesem Grund empfehle ich Ihnen, dass Sie sich schon bei der Auswahl für die ideale Gruppierung entscheiden.

Ein Pärchen hat sich aus meiner langjährigen Praxiserfahrung am besten bewährt. Doch Vorsicht, beachten Sie bitte unbedingt den Hinweis im Wichtig-Kasten unten, denn nicht umsonst gelten Kaninchen als besonders fruchtbar!
Zwei Böckchen (nur frühzeitig kastriert) kann man zusammen halten, aber ideal ist diese Verbindung nicht.
Zwei Weibchen, die brünstig geworden sind, folgen ihrem Brutinstinkt und verteidigen aggressiv ihr zukünftiges Nest, indem sie die vermeintliche Rivalin mobben und auch beißen. ▶ S. 52-53

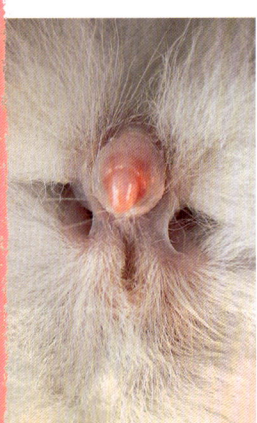 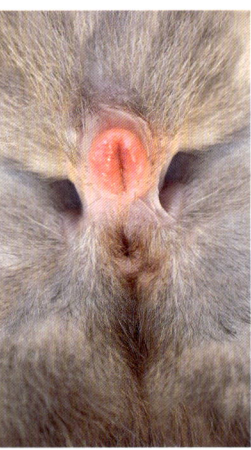

Geschlechtsbestimmung

Vor allem bei jungen Kaninchen benötigen Sie Erfahrung zur Unterscheidung. Beide Fotos zeigen unten jeweils die Afteröffnung zur Blume (Schwanz). **Links:** Böckchen mit sichtbarem Penis. **Rechts:** Häsin mit schlitzförmiger Vagina. Auf leichten Druck mit dem Finger treten die Geschlechtsteile hervor.

WICHTIG

Frühzeitig kastrieren lassen
Gehen Sie mit Ihrem Böckchen, wenn es mit einem Weibchen zusammenlebt, im Alter von zehn Wochen zu einem erfahrenen Kleintierarzt. Nur durch eine frühzeitige Kastration vermeiden Sie unerwünschten Nachwuchs. Halten Sie mehrere Zwergkaninchen, müssen alle Böckchen frühzeitig kastriert werden, sonst bekämpfen sie sich bis aufs Blut! Ein weiterer Vorteil: Kastrierte Tiere markieren und spritzen weniger, lassen sich leichter zur Sauberkeit erziehen, sind ausgeglichener und auch gesünder. ▶ S. 110-111

Der Weg zum Wunschkaninchen

Sie haben alles für den Einzug Ihrer Zwerge vorbereitet und vielleicht schon im Kopf, welche Farbe und Rasse es sein soll? Dann kann die Suche starten. **Zwergkaninchen bekommen Sie** im Zoofachhandel, aus Privathand (über die Kleintier-Anzeigen im Internet), beim Züchter, aus dem Tierheim oder bei Tierschutzorganisationen. Hier warten viele liebenswerte Kaninchen auf ein neues Zuhause. ▶ **S. 53**
Herkunft beachten: Egal, wo Sie Ihre Zwerge kaufen, begutachten Sie deren »altes« Zuhause. Nur wenn Ihnen die Haltungsbedingungen zusagen, können Sie davon ausgehen, dass sich die Tiere normal entwickeln.
Wie viele Tiere: Bitte mindestens zwei Zwerge. Entscheiden Sie sich gleich für ein Pärchen, das sich kennt und gut verträgt, bekommen Sie keine Probleme bei der Vergesellschaftung. ▶ **S. 52-53**
Alter beim Kauf: Ab ca. 8 Wochen ist ein Junges fit zur Abgabe.
Gesundheit: Erwerben Sie kein Tier aus einem Bestand, in dem Kaninchen Krankheitssymptome zeigen. Ihre Zwerge könnten sich schon angesteckt haben.

Auf das Wesen achten

Wünschen Sie sich ein zutrauliches Kaninchen? Dann achten Sie darauf, wie es sich verhält. Springt es schon beim ruhigen Annähern panikartig in die Ecke? Dann Finger weg! Solche Tiere werden später – wenn überhaupt – nur mit viel Geduld handzahm. Am besten, Sie schauen sich vor Ort die Haltung und Elterntiere an. Falls dies nicht möglich ist, fragen Sie nach: Woher stammen die Zwerge? Wie sind sie aufgezogen worden? Um sicherzugehen, kaufen Sie einen Rassezwerg nur beim Züchter. ▶ **S. 29**

Zwei, die sich gut verstehen: ein Zwerg, havannafarbig, und ein weißes Widderchen.

Gute Fahrt

Wenn Sie Ihre Fellnasen abholen, fahren Sie mit den Tieren ohne Umwege nach Hause. Hier die wichtigsten Tipps für unterwegs:

- ◆ Kaninchen gehören während der Fahrt in eine Transportbox (Foto), nicht auf den Schoß!
- ◆ Die Box zusätzlich mit Sicherheitsgurten auf dem Rücksitz befestigen, sonst fliegt sie beim Bremsen durch das Auto!
- ◆ Kaninchen vertragen keine Hitze. Schalten Sie im Hochsommer die Klimaanlage im Auto an oder verlegen Sie den Transport in die kühlen Abendstunden.
- ◆ Wollen Sie das Kaninchen später zu Ihrem alteingesessenen setzen, dann hilft es, wenn Sie den bisherigen »Revierinhaber« mitnehmen. ▸ S. 54

Sanft eingewöhnen

Zu Hause angekommen, stellen Sie die Box in das Innengehege und öffnen die Tür. Nun heißt es abwarten und am besten nur beobachten. Jedes Kaninchen ist anders. Selbstbewusste Zwerge erkunden zuerst neugierig ihr neues Revier. Eher schüchterne Fellnasen benötigen mehr Zeit, bis sie sich aus dem Versteck trauen. Vor allem Kindern fällt das geduldige Abwarten schwer, haben sie sich doch so auf ihre Kaninchen gefreut. Erklären Sie Ihrem Kind, dass die Tiere nun Zeit zum Eingewöhnen benötigen. Fangen die Zwerge an, sich zu putzen und zu fressen – das machen Kaninchen nur, wo sie sich sicher fühlen –, dann ist der erste Schock überwunden. ▸ S. 50-51

»Endlich zu Hause. Mal schauen, ob es mir hier überhaupt gefällt.«

Sicher untergebracht

Besorgen Sie sich zum Abholen eine Transportbox. Praktisch ist ein Modell, welches oben und vorne aufklappbare Gittertüren hat (Foto) und zusätzlich die Möglichkeit bietet, das Oberteil komplett abzunehmen. Gut auspolstern mit Stroh, damit sich der Zwerg darin wohlfühlt. Geben Sie Einstreu vom Vorbesitzer mit in die Box. Der vertraute Geruch erleichtert Ihrem Neuankömmling die Umstellung. Bei längeren Autofahrten Heu zum Knabbern nicht vergessen und eine Wasserschale, die Sie vorne in die Gittertür einhängen.

Richtig hochnehmen

Kaninchen lassen sich nicht gern hochnehmen. Fühlen sie sich unsicher, zappeln und kratzen sie. Dies ist gefährlich, denn fällt das Tier herunter, kann es sich verletzen. So geht es: Nähern Sie sich behutsam von vorne und lassen den Zwerg an Ihrem Handrücken schnuppern. Dann mit einer Hand das lose Nackenfell in Höhe der Schulterblätter greifen (nicht kneifen!). Mit der anderen Hand umgehend das Hinterteil abstützen und dabei die Hinterbeine gut zwischen Daumen und Mittelfinger fixieren. Der Zeigefinger kommt zwischen die Beine, um sie nicht zu fest zusammenzudrücken.

Ein Junges hochnehmen

So einen Winzling wie das Löwenwidderchen auf dem Foto sollte man nicht am Nackenfell ergreifen. Umschließen Sie das Tier beidseitig mit Ihren Händen. Achten Sie darauf, dass der Kleine sicher in Ihrer halb geschlossenen Handmulde hockt. Dann können Sie den Zwerg hochnehmen.

Auf dem Arm tragen

Setzen Sie den Zwerg so auf Ihren angewinkelten Unterarm, dass auch sein Hinterteil samt Beinen gut abgesichert ist. Manche Zwerge kuscheln sich dabei mit ihrem Kopf in die Armbeuge. Die andere Hand bleibt während des Tragens auf dem Rücken des Tieres liegen, sodass Sie notfalls zugreifen können, wenn der Zwerg unruhig wird.

1

MINIS
AUF DER
SPUR

In diesem Kapitel lesen Sie, warum Häschen keine Hasen und die kleinen Nager keine Nagetiere sind. Begleiten Sie mich auf eine spannende Reise von den Wildkaninchen der Römer bis zu den Rassezwergen von heute. Am Ende des Kapitels erfahren Sie, worauf Sie beim Kauf Ihres Wunschzwerges achten sollten.

Die Geschichte des Kaninchens

Heute gehören vor allem die Zwerge unter den Kaninchen mit zu den beliebtesten Heimtieren. Doch es war ein weiter Weg, bis aus den wilden Vorfahren unsere zahmen Fellnasen entstanden.

Die Geschichte begann vor etwa 3000 Jahren mit einer Verwechslung. Als phönizische Seefahrer auf der Iberischen Halbinsel die ersten Wildkaninchen entdeckten, hielten sie diese für Klippschliefer, eine Tierart aus ihrer syrischen Heimat. Deshalb nannten sie das Land »i-shepanim«: »Insel der Klippschliefer«. Die Römer übernahmen die falsche Bezeichnung in ihre Sprache und gaben der Iberischen Halbinsel den heute noch gültigen Namen Hispania. Zur Bereicherung ihres Speiseplans hielten die Römer Wildkaninchen in ummauerten Gärten, den sogenannten Leporarien. Diese Gehegehaltung gelangte im frühen Mittelalter nach West- und Mitteleuropa. Im 16. Jahrhundert begannen erste Zuchtversuche, um Kaninchen in unterschiedlichen Größen und Fellfarben zu erzielen. Doch erst Ende des 19. Jahrhunderts, als die bis dahin halbwilden Kaninchen aus den Freilandgehegen in Ställe umzogen, begann die eigentliche Domestikation (Zahmwerdung).

ZUSATZWISSEN

Wildkaninchen & Feldhase
Häufig werden Hase und Kaninchen verwechselt. Bei näherem Betrachten unterscheiden sich beide Tierarten aber deutlich voneinander. Von den Zoologen werden beide Arten in die Familie der Hasenartigen eingeordnet, und beide Arten zählen zu den sogenannten Flucht- und Beutetieren. Aber dann hören die Gemeinsamkeiten auch schon auf: »Meister Langohr« ist im Gegensatz zum gesellig lebenden Wildkaninchen ein Einzelgänger und hat sich nie zähmen lassen. Und aufgrund der unterschiedlichen Chromosomenzahl können beide Tierarten keinen Nachwuchs miteinander zeugen.

Wildkaninchen leben in Gruppen und entfernen sich nie weit von ihrem sicheren Bau.

Gefahr im Verzug? Mit kräftigen Sprüngen bringt sich der Feldhase in Sicherheit.

HASE ODER KANINCHEN?

In antiken Quellen zur Nutztierhaltung wird häufig von »Hasen« berichtet, was vermutlich eine Verwechslung und falsche Bezeichnung für Kaninchen ist. So nannte man die ummauerten Gärten in Rom Leporarien (Hasengehege), abgeleitet von dem lateinischen Wort *lepus* für Hase. Doch als Einzelgänger würde sich der Feldhase, im Gegensatz zum gesellig lebenden Wildkaninchen, nicht zu einer Haltung in Gruppen eignen. Als den Römern der Unterschied zwischen beiden Tierarten klar wurde, erhielt das Kaninchen die Bezeichnung *cuniculus* (auch heute noch der wissenschaftliche Artname), was übersetzt »unterirdischer Gang« bedeutet. Besser hätte man die kleinen Tunnelbauer nicht benennen können. Und weil die *cuniculi* ihrem Namen alle Ehre machten und sich durch die Gehege gru-

ben, kam man auf die Idee, sie auf Inseln auszusiedeln. Im 19. Jahrhundert hielt man Kaninchen zusammen mit Kühen in Ställen, was ihnen den Namen »Kuhhasen« oder »Stallhasen« einbrachte. Auch heute noch bezeichnet man Kaninchen in der bäuerlichen Nutztierhaltung als »Stallhasen«. Etwas liebevoller, aber deshalb auch nicht korrekter werden die Zwergkaninchen gern »Zwerghäschen« genannt. Trotz des sprachlichen Durcheinanders können viele Kaninchen heute als Heimtiere ein glückliches Leben führen, ohne dass man ihnen »das Fell über die Ohren zieht«. Umso trauriger stimmt es, dass der Feldhase, obwohl auf der roten Liste der gefährdeten Arten, noch immer intensiv bejagt wird und durch die industrialisierte Landwirtschaft weiter an Lebensraum verliert. Armer Osterhase! Eine Tabelle mit weiteren Unterschieden zwischen den beiden Arten erhalten Sie über die App.

Neugierig, aber freundlich begrüßt der Zwerg per Nasenkontakt das Widderchen.

FAMILIE DER HASENARTIGEN

Wenn man den kleinen Rackern längere Zeit zuschaut, wie sie alles annagen, was ihnen zwischen die Zähne kommt, könnte man sie für Nagetiere halten. Doch sie sind nicht mit den Nagern verwandt und besitzen auch keine gemeinsamen Vorfahren. Die Zoologen ordnen sowohl Hasen (*Lepus*) als auch Kaninchen (*Oryctolagus*) in die Familie der Hasenartigen (*Lagomorpha*) ein. Und so überraschend es erscheinen mag, stehen die Hasenartigen verwandtschaftlich eher den Huftieren nahe. Echte Nagetiere wie etwa Mäuse bewegen den Unterkiefer nur vor- und rückwärts. Die Hasenartigen zermahlen dagegen ihr Futter durch kreisende Gebissbewegungen. Und im Gegensatz zu den Hasenartigen können die Nagetiere ihr Futter mit den Vorderpfoten festhalten.

Heute bekam mein Mogli zu seinem zweiten Geburtstag einen kleinen Taler aus getrockneten Blüten und Früchten. Freudig fing er sogleich an, sein Geschenk zu beknabbern. Doch der Taler wollte nicht still liegen bleiben. Ob er es als »Hasenartiger« nicht praktisch fände, sein Futter zwischen den Vorderpfoten festhalten zu können? Nach einem Mittagsschläfchen hat sich Mogli ganz lang gestreckt und herzhaft dabei gegähnt. So, als wollte er mir zeigen: »Schau her, dafür kann ich das.« Recht hat er, denn nur die Hasenartigen können sich wie Katzen strecken und dabei gähnen, die Nagetiere nicht.

KLEINE RASSENKUNDE

Schon in der Mitte des 16. Jahrhunderts züchtete man Kaninchen in verschiedenen Fellfarben und Größen. Im Jahr 1733 werden die Fellfarben Weiß, Schwarz, Grau und Gescheckt beschrieben. Und in einer Übersetzung aus dem Jahr 1755 wird erstmals über ein Kaninchen mit langem Fell berichtet, dem Vorfahr des heutigen Angora. Heute gibt es Kaninchenrassen in einer riesigen Bandbreite. Die größte Dachorganisation, der Zentralverband Deutscher Rasse-Kaninchenzüchter (ZDRK), zuständig für den Rassestandard und die Anerkennung einer Rasse, hat 2004 insgesamt 90 Rassen anerkannt. Seitdem sind weitere Neuzüchtungen dazugekommen oder warten auf ihre Anerkennung. Da es von vielen Rassen unterschiedliche Farbschläge gibt, kann man auf den großen Bundesschauen über 500 unterschiedliche Kaninchen bestaunen. Eingeteilt werden die Rassen in 7 Kategorien.

- Abteilung I: Große Normalhaar-Rassen (über 5,5 kg), etwa der Deutsche Riese mit einem Höchstgewicht von 11,5 kg.
- Abteilung II: Mittelgroße Normalhaar-Rassen (bis 5,5 kg), wie das elegante Hasenkaninchen oder die Rheinische Schecke, ein weißes Kaninchen mit gelben und schwarzen Punkten im Fell.
- Abteilung III: Kleine Normalhaar-Rassen (bis 3,75 kg), wie das Lohkaninchen oder das Kleinchinchilla. Viele Farbenzwerge entstanden durch die Einkreuzung mit den kleinen Rassen.
- Abteilung IV: Normalhaar-Zwergrassen (bis 2 kg), wie der Zwergwidder, die Zwergschecken, das Hermelin und die Farbenzwerge.
- Abteilung V: Haarstruktur-Rassen (Kaninchen mit seidig glänzendem Fell und einem Gewicht bis 4 kg). Dazu zählen alle Satin-Kaninchen.
- Abteilung VI: Kurzhaar-Rassen (Kaninchen mit sehr kurzem Fell und einem Gewicht bis 4,5 kg). Alle Rex-Kaninchen, auch die Rex-Zwerge, werden hier eingeordnet.
- Abteilung VII: Langhaar-Rassen (Kaninchen mit langen Haaren oder Wolle) wie Angora, Fuchskaninchen, Jamora und Zwergfuchskaninchen.

WAS IST EIN STANDARD?

Er beschreibt das Idealtier, nach dem die jeweilige Rasse gezüchtet und auf Ausstellungen von Richtern bewertet wird. Bei Kaninchenschauen findet sich an jedem Ausstellungskäfig eine Bewertungsurkunde mit der Beurteilung des jeweiligen Kaninchens. Dazu werden Punkte vergeben in einzelnen Kategorien, abhängig von der jeweiligen Rasse, zum Beispiel für Typ und Körperform, Fell, Gewicht und Pflegezustand. Die höchste Bewertung sind 100 Punkte. Da aber kein Kaninchen in allen Bereichen hundertprozentig perfekt ist, gelten Tiere ab 96 Punkten als die Supermodels ihrer Rasse. Erfolgreiche Tiere erhalten eine zusätzliche Auszeichnung: »v« steht für »vorzüglich«, »sg« für »sehr gut«, »KlS« für »Klassensieger«.
Hinweis: Jedes Jahr stellt der ZDRK im Internet eine Anzahl von Kaninchenrassen vor. Wer Lust hat, kann auf der Seite seine Lieblingsrasse ankreuzen. Das Kaninchen mit den meisten Stimmen ist Sieger. 2014 war die Englische Schecke das »Rassekaninchen des Jahres«, 2015 das Deilenaar.

Entstehung der Zwergrassen

Sie wünschen sich einen Rassezwerg? Auf den folgenden Seiten erfahren Sie, woher die Minis stammen. Dazu erhalten Sie Tipps zum Kauf beim Züchter, und ich stelle Ihnen verschiedene Zwergrassen vor.

Die Geschichte der Zwergrassen begann mit dem Hermelin. Seinen Namen erhielt dieses Kaninchen nach dem Wiesel oder Hermelin, das im Winter zur besseren Tarnung sein graubraunes Fell in ein wunderschönes Schneeweiß wechselt. Leider so schön, dass sein Fell seit alters als Zierde für königliche Prunkmäntel diente. Als Anfang des 19. Jahrhunderts die Verarbeitung von Hermelinfellen verboten wurde, suchte man Ersatz und fand ihn im polnischen Kaninchen (Polish), einem wildkaninchengroßen Tier mit weißem Fell und roten Augen (Albino). Den Engländern gelang schließlich mit diesen Tieren die erste Zucht der Zwerge. 1884 wurden Tiere des Zwergentyps erstmals in Hull auf einer Ausstellung gezeigt.

DER ZWERGFAKTOR

Anfang des 20. Jahrhunderts entdeckte man in Amerika den erblich verankerten Zwergfaktor (englisch »dwarf« = Zwerg; Symbol Dw). Die Mutation dieses Gens (dw) ermöglichte die Herauszüchtung des Zwergentyps mit dem gedrungenen walzenförmigen Körper, dem runden Bollerkopf, den Kulleraugen und den kurzen, eng zusammenstehenden Ohren. In Internetforen lese ich gelegentlich, dass es sich bei den Rassezwergen um eine Qualzüchtung handelt. Diese pauschale Aussage ist aber so nicht korrekt. Denn nur wenn zwei Typzwerge (Dw/dw) miteinander verpaart werden, fallen etwa 25 Prozent reinerbige

Wunderschön anzusehen: ein Hermelin mit schneeweißem Fell und blauen Augen.

Tiere mit doppeltem Zwergen-Gen (dw/dw), sogenannte »Kümmerlinge«, die dann allerdings nicht lebensfähig sind. Verantwortungsvolle Züchter vermeiden dies, indem sie einen männlichen Typzwerg (Dw/dw) mit einem größeren, kräftigen Weibchen (Dw/Dw) verpaaren, das dann gesunden Nachwuchs ohne Kümmerlinge aufzieht. Das sieht übrigens der ZDRK (→ Seite 141) genauso wie der Gesetzgeber in seiner Tierschutzverordnung.

Die deutschen Zwergwidder besitzen den Zwergfaktor in seiner mutierten Form nicht. Hierbei handelt es sich vielmehr um klein gezüchtete Widderchen. Sie sind etwas größer und schwerer als die echten Zwerge, dafür aber durchweg gesünder. Dagegen kommt bei den NHD-Zwergwiddern (Nederlandse Hangoor Dwarfs) aus Holland und den Dwarf Lop aus England das putzige Erscheinungsbild durch den Zwergfaktor zustande. Sie sind kleiner, leichter und entsprechen in ihrem Erscheinungsbild dem Kindchenschema, was sie sehr beliebt macht. Doch muss wie bei den Rassezwergen auch bei diesen »Mini-Widderchen« mit der Zucht sehr verantwortungsvoll umgegangen werden.

WORAN ERKENNT MAN EINEN TYPISCHEN ZWERG?

Alle Zwergkaninchen sind liebenswert. Wenn Sie jedoch Wert auf einen typischen Rassezwerg legen, der auch als ausgewachsenes Tier klein bleibt, sollten Sie beim Kauf auf folgende Merkmale achten:

	RASSEZWERG	MISCHLING
Körper	Gedrungen, walzenförmig, Rücken und Beine kurz	Lang gestreckt, schlanker und hochbeinig
Kopf	Groß im Verhältnis zum Körper, breite Stirn, ausgeprägte Backen	Kleiner, schmal und länglich
Hals	Kaum erkennbarer Halsansatz, Kopf sitzt dicht am Rumpf	Halseinschnitt gut sichtbar
Augen	Groß und hervortretend, »Kulleraugen«	Kleiner, nicht so hervortretend
Ohren	Kurz, Ideallänge beim erwachsenen Tier: etwa 5,5 cm	Deutlich länger, bei einem Jungtier schon über 8 cm
Fellfarbe	Nur Standardfarben und -zeichnungen	Alle Fellfarben und Zeichnungen
Gewicht	Erwachsener Zwerg: 1,0 bis 1,5 kg	Ausgewachsen: 2,5 bis 5 kg

Hinweis: Diese Angaben gelten nicht für den Zwergwidder.

An den langen »Löffeln« erkennt man das
großwüchsige Mischlingskaninchen.

Im Vergleich dazu ebenfalls in Wildfarben: ein
typvoller Farbenzwerg mit seinen kurzen Ohren.

DIE ZWERGRASSEN

Farbenzwerge: So nennt man im Unterschied zum weißen Hermelin mit roten oder blauen Augen alle andersfarbigen Minis. Sie entsprechen in ihrer Färbung, Zeichnung und Fellstruktur den jeweils größeren Rassekaninchen. In den 30er-Jahren begann der Züchter Hoefmann in Holland, Wildkaninchen mit Rotaugenhermelin zu verpaaren. 1940 wurde die Rasse als »Kleurdzwerge« in den holländischen Standard aufgenommen. Bei uns begann der Siegeszug der Farbenzwerge erst nach dem Zweiten Weltkrieg.

Der Zwergwidder gehört zu den jüngsten Zwergrassen, wobei man zwischen deutschem Zwergwidder, Nederlandse Hangoor Dwarf (NHD) und dwarf Lop unterscheiden muss (→ Seite 27). Auch hier gilt Holland als Ursprungsland. 1952 züchtete Adrian de Cock die ersten typischen Wid-

der mit den Hängeohren. Heute erfreuen sie sich großer Beliebtheit – zu Recht, wie ich finde. Denn vom Wesen her sind sie häufig ausgeglichener und sanftmütiger als die übrigen Zwerge (→ Seite 46/47).

Der Herkunftsnachweis

Ein reinrassiges Kaninchen erkennt man an seiner Ohrtätowierung, die vom Tätomeister eines Vereins vorgenommen wird. Im rechten Ohr steht der Buchstabencode für den betreffenden Landesverband und die Kennzahl für den Zuchtverein. Im linken Ohr finden Sie Geburtsmonat und Geburtsjahr sowie die fortlaufende Zuchtbuch-Nummer. So kann jederzeit nachgeprüft werden, woher das Tier stammt. Hier ein Beispiel zum besseren Verständnis: Rechts: B 6 = Bayern, Zuchtverein Nr. 18 Links: 3 14 21 = geboren im März 2014, registriert unter der Nummer 21 im Vereinszuchtbuch.

DER KAUF BEIM ZÜCHTER

Wollen Sie einen Rassezwerg in einer ganz bestimmten Farbe, gezüchtet nach dem Standard, dann erhalten Sie so ein Tier nur bei einem Züchter, der Mitglied ist beim ZDRK (Zentralverband Deutscher Rasse-Kaninchenzüchter). Wünschen Sie sich eine noch nicht anerkannte Rasse, zum Beispiel einen Löwenkopf, Teddy- oder Löffelohrzwerg, dann erhalten Sie diese Tiere nur bei den privaten Züchtern. Im Internet bieten viele private Züchter ihre jungen Zwergkaninchen an. Darunter findet man seriöse engagierte Hobbyzüchter, aber leider auch schwarze Schafe. Egal, von wem oder woher Sie Ihren Zwerg erwerben, empfehle ich Ihnen, dorthin zu fahren und sich vor Ort ein eigenes Bild zu machen von dem Menschen, seinen Kaninchen und wie er sie hält.

Hier sind Sie in den besten Händen:

* Die gesamte Zuchtanlage ist sauber und gepflegt. Die Tiere verfügen über ausreichend Licht und gute Belüftung. Es stinkt nicht.
* Die Kaninchen sitzen auf trockener Einstreu und keinesfalls auf Haufen von Kot und urindurchtränkter, nasser Altstreu.
* Alle Tiere sind ausreichend mit Futter, Heu und frischem Wasser versorgt.
* Es spricht für einen guten Züchter, wenn er seine Zwerge in möglichst geräumigen Stallbuchten unterbringt und – das freut mich immer – seinen Kaninchen zusätzliche Freigehege im Garten bietet.
* Kein Tier schnupft, niest, hat entzündete Augen oder weist andere Krankheitsanzeichen auf. Ein guter Züchter achtet auf die Gesundheit seiner Tiere und nimmt auch Zwerge mit Erbfehlern wie eine

Gebissfehlstellung sofort aus der Zucht! Wollen Sie auf Nummer sicher gehen, dann können Sie die Zahnkontrolle bei Ihrem ausgesuchten Kaninchen auch selbst vornehmen (→ Seite 103).

* Achten Sie auch darauf, wie der Züchter mit den Tieren umgeht. Spricht und beschäftigt er sich mit ihnen? Oder springt der Zwerg vor seiner Hand weg?
* Wollen Sie einen zutraulichen Zwerg, sollte sich auch das Muttertier dem Menschen gegenüber freundlich und sanft verhalten. Denn das mütterliche Vorbild hat einen positiven Einfluss auf den Nachwuchs.

Hinweis: Fragen Sie nach, ob Ihr Zwergkaninchen bei der Abgabe schon geimpft ist (→ Seite 111).

Eltern-TIPP

Ausstellungsbesuch
Regelmäßig an den Wochenenden im Herbst und Winter finden deutschlandweit die großen Kaninchenschauen statt. Ein unvergessliches Erlebnis für die ganze Familie, wenn dort Hunderte und mehr ganz unterschiedliche Rassen ausgestellt werden. Angefangen vom Deutschen Riesen mit seinen stolzen 7–11 kg, dem schnittigen eleganten Hasenkaninchen, dem flauschigen Angora bis hin zu den Zwergen. Weitere Infos und Adressen finden Sie auf Seite 141.

Zwergrassen im Überblick

Farbenzwerg, Schwarzloh ist eine attraktive Fellzeichnung, denn im Kontrast zur schwarzen Deckfarbe kommt der warme Orangeton (Loh) besonders gut zur Geltung. Weitere Farben: Blau-, Havanna-, Braunloh.
Blaumarder: Wie ein Rußschleier wirken die dunklen Schattierungen im lichtblauen Fell. Es gibt sie auch in Braunmarder.

NHD-Zwergwidder, Feh-Weiß mit blauen Augen: Diese Miniwidder werden nach dem holländischen Standard gezüchtet, ihrem Ursprungsland. Mit einem Idealgewicht von 1,3–1,5 kg ist diese Rasse leichter und auch kleiner als der Deutsche Zwergwidder, was die NHD bei den Heimtierhaltern immer beliebter macht. Feh-Weiß ist kein anerkannter Farbschlag. Trotzdem wollte ich die Häsin hier vorstellen, weil ich sie recht hübsch finde.

Das Fell beim japanerfarbigen Farbenzwerg hat schwarze und gelbe Farbfelder, die unregelmäßig verteilt sind. Beide Farben sollten sich gut voneinander abheben.

Diese Fellzeichnung erinnert an die Stammfärbung der Birken und deshalb wird der Farbschlag birkenfarbig genannt, manchmal auch röhnfarbig. Hier ein Rex-Zwerg, der zu den Kurzhaarrassen zählt. Bei dieser Rasse sind die Haare im Gegensatz zum Normalhaar sehr kurz (14–17 mm) und stehen senkrecht ab. Streicht man über das Fell, fühlt es sich an wie Samt.

Ein Bild von einem Mann, dieser Zwergwidder-Bock! Idealer »Bollerkopf« mit breiter Stirn- und Schnauzpartie, gebogener Nasenrücken (Ramsnase), der Körper kurz und kompakt und dazu der Behang (Ohren) mit markanten Wülsten (Krone) an den Ohransätzen. Sein Fell ist gefärbt wie beim Wildkaninchen, daher die Bezeichnung wildfarben. Wie bei den Farbenzwergen sind beim Zwergwidder eine Vielzahl an Farbschlägen und Zeichnungen anerkannt.

Beim Hellsilber Farbenzwerg ist der Nachwuchs anfangs schwarz gefärbt, und es dauert eine Zeit lang, bis die Kleinen die endgültige Fellzeichnung der Elterntiere bekommen. Auf dem Foto gut zu erkennen: Das acht Wochen alte Junge mit seiner schönen, typvollen (Dw/dw) Mama. Die Silberung im Fell entsteht durch helle Haarspitzen, die zu tiefschwarzen Grannenhaaren kontrastieren.

SINNE
UND
VERHALTEN

Vom knuddeligen Aussehen der Zwergkaninchen lässt man sich schnell hinreißen, die Tiere mit nach Hause zu nehmen. Doch die Zwerge sind keine Plüschtiere. Sie wollen artgerecht behandelt werden. Und dazu ist es wichtig, ihr Verhalten und ihre ausgeprägten Sinne kennen- und verstehen zu lernen.

Vom Wildkaninchen zum zahmen Heimtier

Alle Hauskaninchen sind Nachkommen des Europäischen Wildkaninchens. Sein Erbgut ist auch in den Zwergen noch immer fest verankert. Lernen Sie »Kaninisch«, dann können Sie Ihre Fellnasen besser verstehen.

Neben den gemeinsamen kaninchentypischen Verhaltensweisen entwickelt jedes Zwergkaninchen seine eigenständige Persönlichkeit, die beeinflusst wird durch Rasse, Aufzucht und Lebensumstände.

Eltern-TIPP

Ruhestörung
Die innere Uhr der Zwerge stimmt nicht unbedingt mit der unserer Kinder überein und lässt sich auch nicht einfach abstellen. Sind die Tiere im Käfig eingesperrt, womöglich noch allein, nagen sie nachts an den Gitterstäben und scharren in der Einstreu. Wie wäre es stattdessen mit einem Gehege im Wohnzimmer, in dem sich die kleinen Racker freier bewegen können? Sie werden sehen, wie viel Freude es bereitet, den Fellnasen bei ihrem Treiben zuzuschauen.

Wer wie ich mehrere Kaninchen hält, wird dies durch Beobachten und Miteinander-Vergleichen bald selbst herausfinden. So ist mein Löffelohr-Minizwerg Stupsi ein quirliger Abenteurer, seine Partnerin, ein Zwergwidder, dagegen so friedlich und ausgeglichen, dass ich sie Buddha getauft habe. Ein ideales Paar, das sich bis heute bestens versteht.

TYPISCH KANINCHEN

Begleiten Sie mich nun in die spannende Welt der Wildkaninchen, und Sie werden auch Ihre kleinen Fellnasen bei sich zu Hause mit ganz neuen Augen sehen.

Die innere Uhr

Wildkaninchen sind am aktivsten in den frühen Morgenstunden und in der Abenddämmerung. Um die Mittagszeit relaxen die Tiere gern und ziehen sich nachts zum Schlafen in ihre unterirdischen Baue zurück. In dem dunklen Tunnelsystem orientieren sich die Wildkaninchen mithilfe ihrer sensiblen Tasthaare und ihrer Nase. Auch unsere Zwergkaninchen folgen diesem inneren Rhythmus, was in der

Heimtierhaltung zu Problemen führen kann. So erreichen mich immer wieder Leserbriefe, in denen ich um Hilfe gebeten werde, weil das Kaninchen nachts im Käfig rumort und das Kind deswegen nicht schlafen kann. Was tun? Lesen Sie dazu meinen Eltern-Tipp links.

Single, nein danke!

Wildkaninchen verbringen ihr gesamtes Leben innerhalb ihrer Gruppe, bestehend aus mehreren Männchen und Weibchen, im Durchschnitt bis zu zehn Tieren. Schließen sich einzelne Verbände zusammen, können Kolonien mit 100 oder mehr Tieren entstehen. In dieser Lebensgemeinschaft findet ein intensiver Austausch von vielfältigen Sozialkontakten statt. Das tiefe Bedürfnis, gesellig zu leben, ist auch dem Zwergkaninchen angeboren. Es ist kein Einzelgänger wie der Feldhase und benötigt mindestens einen Artgenossen, um sich mit ihm auszutauschen. Allein gehalten, dann vielleicht noch eingesperrt in einem Zimmerkäfig oder Stall, kümmert das gesellige, bewegungsfreudige Zwergkaninchen vor sich hin. Tun Sie Ihrer Fellnase so ein Leben nicht an!

Tunnelbaumeister

Wildkaninchen leben in unterirdischen Bausystemen, die eine Gesamtlänge von 45 m erreichen können und bis zu 3 m tief sind. Hier finden sie Schutz vor ihren Feinden, aber auch vor schlechter Witterung und ziehen ihren Nachwuchs auf. Ob es draußen schneit, regnet, stürmt oder die Sonne vom Himmel brennt: Unter der Erde lebt es sich angenehm trocken und stets wohltemperiert. Doch ohne Fleiß kein Preis! Ausgestattet mit seinen kräfti-

Die Röhre aus geflochtener Weide bietet dem Löwenkopf- Zwerg einen schattigen und zugleich luftigen Ruheplatz.

gen Krallen, gräbt sich das Kaninchen mit den Vorderbeinen unermüdlich ins Erdreich, wobei es die gelockerte Erde mit seinen Hinterbeinen nach hinten wegschleudert. Hinter ihm wartet schon der Artgenosse zur Ablöse. Da hat schon mancher Kaninchenhalter ziemlich »blöd aus der Wäsche geschaut«, als sich seine Zwerge im Eiltempo unter dem Gartengehege durchgebuddelt haben und ausgebüxt sind! Und was tun die kleinen Racker, die in der Wohnung leben? Sie folgen dem gleichen angeborenen Instinkt und scharren und kratzen an allem, was ihnen unter die Pfoten kommt. Bieten Sie Ihren Fellnasen eine Buddelkiste an, gefüllt mit Erde oder Sand. Ich freue mich immer, wenn ich sehe, mit welcher Begeisterung meine Zwergkaninchen im Sand scharren und sich wohlig darin wälzen. Dazu gehören in jedes Gehege, egal, ob im Haus, auf dem Balkon oder im Garten, Einrichtungsmöbel, in denen sich die Zwerge verstecken und zurückziehen können. Ich verwende nur solche aus Naturmaterialien, die ohne gesundheitliche Folgen auch angeknabbert werden können (→ Seite 62ff.). Tunnel oder Häuschen aus Holz oder Kork befriedigen zudem den Nagetrieb der Kaninchen und helfen neben Zweigen beim natürlichen Abrieb der stets nachwachsenden Zähne.

Wer ist hier der Boss?

Innerhalb der Wildkaninchenkolonie herrscht eine strenge Rangordnung. Die Rammler kämpfen um ihre Position, bis sich ein Rudelführer (Alphamännchen) durchgesetzt hat. Er wacht über seine Familienmitglieder und sorgt für Frieden. Zusammen mit dem ranghöchsten Weibchen lebt er im Zentrum der Kolonie, wo sie im zentralen Wohnbau ihren Nachwuchs aufziehen. Rangniedrige Weibchen bauen für ihre Jungen entfernt davon einen eigenen Wurfbau. Sie dürfen sich mit den rangniedrigen Rammlern nur in bestimmten Gebieten aufhalten. Gruppenfremde Kaninchen werden im eigenen Revier nicht geduldet und umgehend aggressiv vertrieben. Ist die Rangordnung einmal festgelegt, leben die Wildkaninchen innerhalb ihrer Kolonie durchweg friedlich miteinander. Die Gemeinschaft bietet den Tieren Schutz und sichert ihr Überleben. Wollen Sie Zwergkaninchen miteinander vergesellschaften, dann klappt es am besten, wenn Sie diese Spielregeln für ein friedliches Miteinander kennen und bei der Zusammenführung beachten (→ Seite 54).

Immer auf der Hut

Wildkaninchen gehören zu den sogenannten Flucht- und Beutetieren. In der Natur lauern ihre Feinde überall. Greifvögel aus der Luft, Füchse, Marder oder andere Raubtiere am Boden – alle haben nur eins im Sinn: das kleine Kaninchen zu packen und zu fressen. Da heißt es, stets wachsam sein, sich nicht zu weit vom sicheren Bau entfernen und notfalls blitzschnell die Flucht ergreifen. Ist es dafür zu spät, drückt sich das Kaninchen ganz flach auf den Boden und stellt sich tot, in der Hoffnung, so nicht gesehen zu werden (→ Foto, Seite 38 oben). Damit das Überleben der Wildkaninchen gesichert ist, hat Mutter Natur die Tiere mit besonderen Fähigkeiten (→ Seite 44f.) ausgestattet, die auch unsere Zwerge besitzen.

Doch was bedeutet es, ein Leben als Flucht- und Beutetier zu führen? Wer den Umgang mit unserem Raubtier Hund gewohnt ist, wird schnell feststellen, dass sich ein Kaninchen völlig anders verhält.

Beachten Sie dies im täglichen Umgang:

- **Eine fremde Umgebung** verunsichert das Kaninchen. Als reviertreues Tier benötigt es ausreichend Zeit zur Eingewöhnung (→ Seite 50f.).
- **Ungewohnte Geräusche** könnten Gefahr bedeuten und verursachen erst einmal Stress. Auch wenn sich die kleinen Fellnasen nach und nach an

»Kenne ich dich?« Zwerg Stupsi beriecht das fremde junge Zwergwidderchen.

unsere Alltagsgeräusche gewöhnen, sollten Sie unnötigen Lärm im Umfeld der Tiere vermeiden.

- **Spielverhalten,** wie man es von Katzen oder Hunden kennt, zeigen Kaninchen nicht. Denn nur bei den Raubtieren trainiert schon der Nachwuchs spielerisch das spätere Beuteverhalten. Erwarten Sie folglich nicht, dass der Zwerg Ihnen Bällchen apportiert. Allenfalls stupst er die Futterkugel oder den Weidenball umher, so wie mein Mogli. Trotzdem können Sie Ihren Fellnasen zu Hause kleine Kunststücke beibringen und sie mit Intelligenzspielzeug fördern und beschäftigen (→ Seite 127).

Hinweis: Ich halte nichts davon, seinem Zwerg Geschirr und Leine anzulegen, um mit ihm – wo auch immer – spazieren zu gehen. Das Gleiche gilt für den immer beliebteren Modesport »Kaninhop«, bei dem die Kaninchen über unterschiedlich hohe Hürden springen, ähnlich wie Hunde beim Agility. Denn Kaninchen sind nun mal keine Hunde, und diese Wettbewerbe finden in einem fremden und zumeist lauten Umfeld statt, was dem Wesen der Kaninchen widerspricht. Mag es auf den ersten Blick vielleicht lustig und spielerisch wirken und den Ehrgeiz manch eines Kaninchenhalters wecken, seinen Zwerg auch mal so cool über die Hürden springen und von den Zuschauern bewundern zu lassen. Ich halte es für artgerechter, mit den Zwergkaninchen zu Hause im vertrauten Umfeld zu trainieren.

Zwei völlig unterschiedliche Verhaltensweisen: angstvolles Ducken ins Gras (Foto oben) und neugieriges »Männchenmachen« (Foto unten).

DIE BOTSCHAFT DER KÖRPERSPRACHE

Die geselligen Kaninchen verfügen über eine Vielzahl an Ausdrucksformen, mit denen sie sich untereinander verständigen. In der Heimtierhaltung beziehen sie uns in ihre Kommunikation mit ein.

Männchen machen

Immer niedlich anzuschauen, wenn sich der Zwerg auf seinen »Popo« setzt und dabei seinen Körper hoch aufrichtet (→ Foto links). In der Fachsprache nennt man diese typische Verhaltensweise auch »sichern«, was eine sehr passende Bezeichnung dafür ist. Denn die erhöhte Körperposition ermöglicht dem Kaninchen nicht nur einen guten Rundumblick, sondern hilft auch, Duftstoffe sowie Geräusche besser wahrzunehmen. So macht der Zwerg Männchen, wenn er etwas hört oder sieht, was seine Aufmerksamkeit und Neugier weckt. Will die kleine Fellnase unbedingt an einen leckeren Zweig gelangen, der hoch über ihr hängt, dann hilft nur noch: »Männchen machen XXL«! Hoch mit dem Hinterteil und den Läufen, mal sehen, ob es reicht. Doch ehe Zwerg sichs versieht, hat er sein Gleichgewicht verloren und fällt um. Wie heißt es doch so schön: »Übermut tut selten gut.« Aber Übung macht ja bekanntlich auch den Meister, und vielleicht klappt es beim nächsten Mal besser.

Relaxen und sich wohlfühlen

Wer so munter und bewegungsfreudig ist wie das Kaninchen, benötigt zwischendurch ein wenig Ruhe. Wenn Sie Ihre Zwerge genau beobachten, können Sie anhand der Körpersprache ablesen, wie entspannt die Tiere gerade sind. Und bitte nicht dabei stören!

- Hockstellung, die Ohren aufgestellt: »Bin entspannt, aber noch wachsam.«
- Hockstellung, Ohren sind nach hinten gelegt: »Fühle mich schon wohler und auch sicherer.«
- Der Zwerg liegt in gestreckter Bauch- oder Seitenlage, der Kopf ruht auf dem Boden, die Hinterläufe sind dabei nach hinten oder seitlich vom Körper weg- gestreckt: »Hier kann mir nichts pas- sieren und ich kann total relaxen« (→ Foto, Seite 126).
- Das Kaninchen wälzt sich am Boden oder in der Sandkiste: »Mir geht es bestens! Fühle mich kaninchenwohl.«
- Körper und Beine sind lang durchge- streckt, dabei gähnt der Zwerg herzhaft: »Bevor ich wieder lossprinte, muss ich noch meine Muskeln lockern. Das tut gut und fördert die Durchblutung.«

Auf geht's!

Wer schon mal versucht hat, sein ausge- büxtes Kaninchen wieder einzufangen, weiß, wie blitzschnell die kleinen Racker sind. Kurzsprints bis zu 40 km/h und dazu noch in der Luft Haken schlagen, da hat Unsereins keine Chance! Und im Notfall erwischt auch der Fuchs das Wildkanin- chen nicht, wenn es sich vor ihm in der Luft um 180 Grad dreht und in Bruchtei- len von Sekunden in der anderen Richtung davonsprintet. Schon die Jüngsten üben spielerisch dieses Fluchtverhalten, welches ihnen im Ernstfall das Leben retten kann. Auch Zwergkaninchen haben zwischen- durch ihre »närrischen Minuten«. Da sausen sie wie wild herum, jagen einander

TIPP

Richtig streicheln
Manche sehr zutrauliche Kanin- chen mögen diese Zuwendung. Streichen Sie Ihrem Zwerg dabei sanft mit der flachen Hand über den Rücken, mit den Fingern entlang der Stirn oder kraulen ihn an den Ohren. Bitte nur in Wuchsrichtung des Fells – und nie an der Körperunterseite streicheln, dies mögen Kanin- chen genauso wenig wie unge- wolltes »Zwangsknuddeln«!

hinterher und vollführen neckische Luft- sprünge. Glückliche Kaninchen, die sich so nach Herzenslust austoben dürfen.

Gemeinsam genießen

Kaninchen, die sich mögen, pflegen eine enge Bindung zueinander. Dazu gehört das gemeinsame Kuscheln, bei dem die Tiere im engen Körperkontakt nebeneinander hocken oder auch liegen. Wünscht ein Kaninchen von einem anderen Zuwen- dung, senkt es den Kopf und schiebt sich dabei unter den Kopf des anderen Tieres (→ Foto, Seite 48). Wird der Wunsch erfüllt, beleckt der so Aufgeforderte seinen Artgenossen liebevoll an Kopf und Ohren. Meist dauert es nicht lange, bis sich beide Kaninchen der gegenseitigen Fellpflege widmen. Diese Verhaltensweise festigt die freundschaftliche Bindung innerhalb der Gemeinschaft, und es ist anzunehmen, dass beim gegenseitigen Ablecken auch

Alles meins! Mit der Kinndrüse markiert das Löwenkopf-Männchen sein Revier.

Geruchsstoffe übertragen werden, an denen sich die Tiere innerhalb ihrer Gruppe wiedererkennen.

- Leckt das Kaninchen Ihre Hand oder den Arm, während Sie es streicheln, dann bedeutet dies: »Ich erwidere deine liebevolle Zuwendung, weil ich dich gern mag.«
- Mahlt der Zwerg leise mit den Zähnen, bereitet ihm Ihr Streicheln besonderen Genuss. Nicht jedes Kaninchen äußert diese Wohlfühllaute, die man als Mensch auch nur bei absoluter Stille hören kann.
- Scharrt Ihr Kaninchen bei Ihnen auf dem Schoß, handelt es sich vermutlich um eine »Genussbacke«, die nicht genug bekommen kann vom Streicheln: »Bitte weiterkraulen!«

Begrüßung und Verabschiedung

Zartes Anstupsen mit dem Kopf oder der Schnauze sowie Sich-Beschnuppern im Gesicht gilt unter Kaninchen als freundliches Begrüßungsritual (→ Fotos, Seite 24 und 37).

- Stupst Ihr Zwerg Sie sanft an, heißt dies: »Hallo, hier bin ich, bitte streicheln.«
- Energisches Wegstupsen (der Hand) bedeutet: »Lass mir meine Ruhe!«
- Zwicken oder Knuffen muss nicht gleich in eine ernsthafte Beißattacke übergehen. Doch ein unterlegenes Kaninchen macht sich danach vorsorglich aus dem Staub. Auch Ihnen rate ich in einem solchen Fall, Ihre Fellnase unverzüglich auf den Boden zu setzen und in Ruhe zu lassen.

Neugierig, aber vorsichtig

Alles Fremde und Unbekannte ist dem Fluchttier Kaninchen erst einmal suspekt. Auch selbstbewusste Zwerge verhalten sich in fremder Umgebung anfangs angespannt und unsicher (→ Seite 54f.). Ist dem Zwerg ein Gegenstand nicht ganz geheuer oder begegnet er einem nicht vertrauten Artgenossen, nähert er sich neugierig, aber vorsichtig. Dabei streckt das Kaninchen Vorderkörper und Kopf weit vor, die Ohren legt es leicht nach vorne, der Hinterkörper ist erhöht mit aufgestellten Läufen (spurtbereit). Bleibt das Schwänzchen (Blume) dabei angelegt, überwiegt die Neugierde, bei nach unten geklappter Blume die Unsicherheit.

Dominant oder unterwürfig?

Ein selbstsicheres (dominantes) Kaninchen nähert sich einem anderen mit steil aufgestellter Blume.
Ein unterwürfiges Kaninchen duckt sich bei der Begegnung, macht sich quasi klein. Bleiben die Ohren dabei aufgestellt, zeigt es Respekt, ist aber angstfrei, im anderen Fall legt der Zwerg seine Ohren angstvoll nach hinten.

Auf Krawall gebürstet

Hat ein Kaninchen »Wut im Bauch«, ist seine Haltung angespannt und sein Körper angriffsbereit vorgestreckt, die Ohren sind angelegt. So manches Tier stößt dazu kurze Knurr- oder Brummlaute aus. Jetzt heißt es für jeden in seiner Nähe: »Bleib mir bloß vom Leib, sonst greife ich an!« Und das gilt auch für Sie. Also Vorsicht, denn auch ein kleiner Zwerg kann mit seinen Krallen heftig kratzen und zudem kraftvoll zubeißen!

Füße umkreisen

Dies ist eine Verhaltensweise, die zum Paarungsritual gehört. Ist der Bock noch potent und »brummelt« dazu, umwirbt er Sie quasi als seine Ersatzpartnerin. Aber auch weibliche Tiere und kastrierte Männchen können die Füße ihres Menschen umkreisen und an den Beinen rumzupfen oder kratzen. Fast immer wollen die Tiere damit Ihre Aufmerksamkeit erregen, und in der Regel handelt es sich um allein gehaltene Kaninchen, denen ein Kumpel zum sozialen Austausch fehlt.

Vorsicht, Gefahr!

Als ich vor einigen Tagen im Garten meine Kaninchen fotografierte, flog plötzlich ein Schwarm laut krächzender Krähen über uns hinweg. Alarm! Blitzschnell flitzten zwei meiner Zwerge unter einen nahe gelegenen Busch. Doch für Paulchen war es dafür zu spät. Er drückte sich ganz flach auf den Boden ins Gras, die Ohren eng angelegt, die Augen angstvoll geweitet. So entstand das Foto auf Seite 38 oben. Dieses **Tarnverhalten** ist allen Kaninchen angeboren, auch wenn Paulchen mit seinem hellen Fell für jeden Greifvogel weithin sichtbar war. Aber »Totstellen« kann im Notfall auch lebensrettend sein, da die meisten Raubtiere auf Bewegungssehen ausgerichtet sind.
Heftiges Klopfen mit den Hinterläufen auf dem Boden äußert ein Kaninchen, wenn es sich erschreckt, Angst hat oder wenn es sich bedroht fühlt. Erfolgt das Aufstampfen mehrmals hintereinander, hört es sich wie eine Art Trommeln an. Wildkaninchen warnen mit diesen Lautsignalen ihre Artgenossen: »Vorsicht, Gefahr! Feind naht!«

Das Kaninchen besitzt einen feinen Gehörsinn und kann seine Ohren unabhängig voneinander drehen.

KANINCHENS LAUTÄUSSERUNGEN

Einige Lautäußerungen habe ich schon im Vorfeld im Zusammenhang mit den Verhaltensweisen beschrieben. Nachfolgend die weiteren im Überblick:

- **Murksen** – schnell aufeinanderfolgende Laute, wie eine Art Meckern. Manche Kaninchen drücken so ihren Unmut aus.
- **Knurren, Brummen**, kurz und fauchend geäußert, kombiniert mit einer Angriffshaltung, sind eindeutige Warnsignale. So verteidigt zum Beispiel ein Kaninchen seinen Futterplatz oder eine Häsin ihren Nachwuchs.
- **Fiepen, Quietschen** wird bei Angst geäußert, wenn zum Beispiel ein unterlegenes Kaninchen von einem anderen in die Enge getrieben und angegriffen wird.
- **Schrille Schreilaute** bedeuten Panik und Todesangst. Wird ein sehr scheues, schreckhaftes Kaninchen unsanft ergriffen, kann es dabei völlig in Panik geraten und laut schreien. Dies ist für das Tierchen ein Trauma, und es kann im schlimmsten Fall einen Herzinfarkt erleiden und daran sterben!
- **Zähneknirschen,** verbunden mit einer angespannten Körperhaltung, äußert das Kaninchen, wenn es unter starken Schmerzen leidet. Bringen Sie es umgehend zum Tierarzt. Nicht verwechseln mit den leisen Mahlgeräuschen beim Wohlfühlverhalten (→ Seite 40).

DUFTBOTSCHAFTEN

Kaninchen kommunizieren mithilfe von körpereigenen Duftstoffen, den sogenannten Pheromonen, und haben ein ausgeprägtes Markierungsverhalten.

Mit dem Kinn an Gegenständen reiben

Mithilfe der dort sitzenden Drüse kennzeichnet das Kaninchen alles, was es als seinen Besitz betrachtet (→ Foto, Seite 40). Die Kinndrüsen sitzen unter der Zunge, geben aber ihr Sekret über mehrere Poren nach außen an der Kinnunterseite ab. Diese Duftstoffe sind für unsere Nase nicht wahrnehmbar. Ranghöhere Tiere markieren übrigens am intensivsten, unabhängig vom Geschlecht. Stellen Sie ein neues

Einrichtungsmöbel (Tunnel oder Häuschen) in den Zimmerauslauf, reibt alsbald eine der Fellnasen ihr Kinn daran. Denn auch unsere Zwerge fühlen sich nur in einer von ihnen markierten Umgebung sicher und geborgen.

Markieren mit Kotpillen

Mithilfe der Analdrüsen überzieht das Kaninchen seine Kotkügelchen mit einem Sekret und setzt so seine duftenden Hausschilder, die besagen: »Hier wohne ich und meine Familie. Fremde müssen meine Reviergrenzen respektieren!«

Hinweis: Wenn Sie ein neues Kaninchen mit Ihrem einzeln lebenden Tier oder Ihrer Gruppe vergesellschaften wollen, kann es vorübergehend zu Problemen bei der Stubenreinheit kommen (→ Seite 135).

Wer bist du?

Wenn sich zwei Kaninchen begegnen, dann beschnuppern sie sich nicht nur vorne an Nase und Kopf, sondern auch hinten. Aus gutem Grund: Denn in den haarlosen Hautfalten beiderseits der Geschlechtsöffnung am Unterbauch des Kaninchens befinden sich die Leistendrüsen. Sie geben ein Sekret ab, anhand dessen jeder Artgenosse sogleich erkennt, ob der andere zur Gruppe gehört, welches Geschlecht er hat und ob das Weibchen brünstig ist. Spätestens wenn Sie die Geschlechtsecken Ihres Zwergkaninchens säubern, werden Sie den intensiv süßlich-schweren Geruch wahrnehmen. Manchmal – wenn sich ein Kaninchen dieser Geruchskontrolle entziehen will – wird es vom Artgenossen energisch unter dem Schwänzchen hochgestupst: »Lass mich riechen, damit ich weiß, wer du bist!«.

Kennzeichnen mit Urin

Mithilfe der Leistendrüsen können Kaninchen auch ihrem Harn ihre ganz persönliche Duftnote hinzufügen. Bei starker sexueller Erregung verspritzt die brünstige Häsin gern Harn, oder der Bock kennzeichnet damit seine Auserwählte. Werden Kaninchen vergesellschaftet und legen ihre Rangordnung fest, wird ebenfalls oft Harn verspritzt. Hier geschieht es jedoch häufig eher wegen des Stresses. Jagt ein Kaninchen einem anderen aggressiv hinterher, kann das flüchtende Tier Harn verspritzen. Man spricht dann von Angstharnen.

Hinweis: Durch die Kastration (→ Seite 110) wird zumindest das sexuell bedingte Markierungsverhalten beider Geschlechter stark abgemildert.

Der Farbton des Urins kann von weißgelblich bis rotorange schwanken. Immer wieder wird behauptet, dass Kaninchen, die viel Möhren oder Löwenzahn fressen, davon einen rötlichen Urin bekommen. Dies ist ein Irrglaube! Denn ich habe schon vor vielen Jahren im tiefsten Winter deutlich rötlich orangene Urinmarker vorgefunden, mit denen Wildkaninchen im Schnee ihre Reviergrenzen markiert haben. Und ihre karge Kost sieht bei hohem Schnee wahrlich anders aus. Die gleichen rotorangenen Urinmarker konnte ich diesen Winter ebenfalls bei meinen Kaninchen beobachten, ohne dass ich Karotten verfüttert hatte.

Hinweis: Vorsicht bei Blut im Urin, kenntlich an roten Schlieren! Erkrankungen der Harnwege oder bei weiblichen Kaninchen Verletzungen der Gebärmutter oder Scheide können die Ursache dafür sein. Stellen Sie dies fest, müssen Sie umgehend mit Ihrem Zwerg zum Tierarzt!

DIE SINNESLEISTUNGEN

Das Kaninchen nimmt seine Umwelt ganz anders wahr als wir. Für das kleine Fluchttier ist es vor allem wichtig, seine Feinde rechtzeitig von überall her zu erkennen. Und reden wir mit Worten, so kommunizieren die Fellnasen per Duftbotschaften.

Alles im Blick

Seine Augen liegen seitlich relativ oben am Kopf und verhelfen dem Kaninchen so zu einer kompletten Rundumsicht, auch im Luftraum. Ausgerichtet auf kleinste Bewegungen in der Ferne, sieht das Kaninchen dagegen im Nahbereich schlecht. Als dämmerungsaktives Tier sind seine Pupillen weit geöffnet, und durch die Anzahl lichtempfindlicher Sehzellen ist das Sehvermögen auch bei schlechten Lichtverhältnissen relativ gut. Da sich seine Pupillen jedoch nicht verengen können, reagiert das Kaninchen empfindlich auf grelles Licht (vor allem Albinos, deren Augen die schützenden Pigmente fehlen). Violettblaue und grüne Farben nimmt das Tier gut wahr, nicht dagegen Rot.

TIPP

Kein Parfüm
Mit ihren feinen Nasen erkennen die Zwerge auch Sie an Ihrem körpereigenen Geruch wieder. Verwenden Sie deshalb keine Parfüms oder parfümierten Pflegeartikel beim Kontakt mit Ihren Kaninchen, das würde Ihre Minis stark verunsichern.

Immer der Nase nach

Kaninchen kommunizieren untereinander per Duftbotschaften, und ihr Riechorgan gehört in die Champions League der Superspürnasen. Hat unsere menschliche Nase nur etwa 25 Millionen Riechzellen, verfügt die sensible Kaninchennase über 100 Millionen Riechzellen in den beiden Nasenmuscheln, etwa 120 000 Riechzellen pro Quadratzentimeter Riechschleimhaut. Durch rhythmisches Hochziehen der inneren Nasenfalten, auch »Nasenblinzeln« genannt, nimmt das Tier selbst feinste Duftmoleküle auf. Sein sensibles Riechorgan verträgt jedoch weder Staub, Rauch oder scharfe Reinigungsmittel noch allzu trockene Raumluft. Bei Wohnungskaninchen hilft ein Zimmerbrunnen mit großer Wasserfläche, die Raumluft zu befeuchten, was auch Ihnen guttut.

Ohren gespitzt, Lauscher empfangsbereit

Wie Schalltrichter gebaut, können die Ohren jeweils unabhängig voneinander gedreht und auf die Geräuschquelle ausgerichtet werden. Ohne den Kopf zu bewegen, erfasst das Kaninchen dadurch einen Hörraum von etwa 360 Grad. Die kleine Fellnase reagiert allerdings äußerst empfindlich auf ungewohnte Geräusche, vor allem wenn diese plötzlich auftreten und schrill sind (etwa Greifvogelrufe). Anhaltender Lärm in ihrem Umfeld verursacht Dauerstress. Da Kaninchen nicht wie wir Menschen schwitzen können, leiten sie über ihre Ohren auch Wärme ab.
Hinweis: Zwergwidder sind aufgrund ihrer Hängeohren besonders hitzeempfindlich und haben ein eingeschränktes Hörvermögen (→ Seite 46/47).

Fühlen und Tasten

In der Haut des Kaninchens sitzen über den Körper verteilt Nervenzellen (Sensoren), die wie Fühler auf Druck-, Wärme- und Kältereize reagieren. Zu beiden Seiten des Maul-Nasen-Bereichs, über den Augen und an den Wangen befinden sich Tasthaare, auch Vibrissen genannt. Die Nervenenden am Ende der Haarwurzel sind in einer Kapsel eingebettet und registrieren feinste Berührungsreize. Ich habe bei meinen Fellnasen über 15 Tasthaare auf jeder Kopfseite gezählt, wobei die längsten etwa Körperbreite hatten. Um sich im Nahbereich und im Dunkeln orientieren zu können, ist das Kaninchen auf seine Tasthaare angewiesen.

Hinweis: Kurzhaarrassen wie der Rex-Zwerg haben genetisch bedingt weitaus weniger Vibrissen als andere Rassen, zudem sind diese stark verkürzt und gekräuselt, was zu einer Einschränkung ihres Tastvermögens führt.

Kleine Feinschmecker

Das Kaninchen besitzt sogenannte Geschmacksknospen in der Mund- und Rachenhöhle und kann zwischen süß, sauer, bitter und salzig unterscheiden. Beim Fressen (Äsen) im Garten hoppeln meine Zwerge mal hierhin, mal dorthin und knabbern bevorzugt an zarten, jungen Halmen und Blättern, die den kleinen Feinschmeckern besonders munden.

Hinweis: Verlassen Sie sich nicht darauf, dass Ihre Zwerge giftige Pflanzen als solche erkennen und meiden! Überall dort, wo sich Ihre Kaninchen aufhalten, gehören schädliche Pflanzen entfernt oder sollten sich zumindest außerhalb der Reichweite der Tiere befinden (→ Anhang, Seite 141).

Beeinflussen die Sinne das Wesen?

Auf der folgenden Doppelseite stelle ich Ihnen zwei Rassen im Vergleich vor: eine Zwergschecke, havanna-weiß, mit Stehohren und einen Deutschen Zwergwidder, wildfarben, mit Schlappohren. Nun stellen Sie sich vor, Sie hätten wie das Kaninchen die Fähigkeit, alles um Sie herum zu sehen und zu hören. Dann bekämen Sie seitlich am Kopf zwei Schlappohren verpasst und Ihre Ohrmuscheln werden nach innen gedreht. Der Effekt: Sie sehen und hören weniger. Diese Einschränkung würde das Widderchen in der Natur vermutlich das Leben kosten, in der Heimtierhaltung dagegen lieben wir es, weil es dadurch ruhiger und weniger schreckhaft ist.

Eltern-TIPP

Sanfte Schlappohren
Werde ich gefragt, welcher Zwerg für Kinder besonders geeignet ist, empfehle ich gern die Zwergwidderchen. Sie sind in aller Regel ausgeglichener und sanftmütiger als ihre stehohrigen Verwandten. Immer vorausgesetzt, das Widderchen stammt aus einem guten Zuhause und Sie leiten Ihr Kind zu einem respektvollen Umgang mit dem Kaninchen an. Denn eine lieblose Behandlung verträgt auch das gutmütigste Schlappohr nicht!

Zwei Zwergrassen im Vergleich

Sehen
Komplette Rundumsicht möglich, auch im Luftraum.

Hören
Ohren wie Schalltrichter, unabhängig voneinander bewegliche Ausrichtung zur Geräuschquelle, Hörraum von 360 Grad.

Gewicht
Farbenzwerg: 1,1–1,35 kg ideal, Höchstgewicht 1,5 kg; die Zwergschecke darf ein wenig mehr wiegen.

Körpersprache
Das freie Ohrenspiel unterstützt die Körpersprache (Stimmungslage).

Wesen
Eher lebhaft, da mehr und schneller von der Umgebung wahrgenommen wird, dadurch auch stressanfälliger.

Hören

Hängeohren (Behang) mit der Schall-
öffnung nach innen, kaum auf die
Geräuschquelle ausrichtbar (kein
Ohrenspiel), dadurch eingeschränktes
Hörvermögen. Zeitweiliges Aufstellen
eines Ohres nur bei Jungtieren,
ansonsten rasseuntypisch.

Sehen

Durch die Wülste (Krone)
und die Platzierung der
Hängeohren ist die Rund-
umsicht eingeschränkt.

Gewicht

Etwas schwerer als Farbenzwerge, normal:
1,5–1,9 kg, Höchstgewicht: 2,0 kg. Nederlandse
Hangoor Dwarfs (NHD) wiegen weniger.

Wesen

Da Seh- und Hörvermögen eingeschränkt
sind, bekommt das Widderchen von seiner
Umwelt »weniger mit«. Infolgedessen ist
diese Rasse insgesamt ruhiger, ausgeglichener und weniger schreckhaft.

Körpersprache

Durch das fehlende Ohrenspiel
fehlt ein Ausdrucksmittel,
ansonsten wie bei den anderen
Zwergen.

Auf Entdeckertour: Die Sinnesleistungen

Mag ich dich riechen?

Wenn sich zwei Kaninchen begegnen, dann beschnuppern sie sich, um festzustellen, ob das Gegenüber zur Familie gehört. Will ein Zwerg von einem anderen Zuwendung, dann schiebt er seinen Kopf unter den seines Artgenossen: »Bitte putze mich.« Beobachten Sie, wie Ihre Fellnasen sich begegnen, wo sie sich beriechen und wer wen putzt. Manchmal kommt es vor, dass ein Tier in der Gruppe mehr Zuwendung erhält als andere. Dabei handelt es sich in der Regel um ein ranghöheres Kaninchen.

Kaninchen brauchen Verstecke

Wenn der Zwerg etwas hört, was er nicht kennt und das Geräusch als bedrohlich empfindet, dann hilft es, wenn er in einen Unterschlupf flüchten kann. Sorgen Sie deshalb für ausreichend Versteckmöglichkeiten im Auslauf. Ideal sind Tunnel, Brücken, Kisten oder Häuschen aus Naturmaterialien. Wichtig ist, dass Sie Ihre Wohnungskaninchen behutsam und schrittweise mit den Alltagsgeräuschen vertraut machen. Denn ein lauter Staubsauger kann der kleinen Fellnase anfangs schon einen gehörigen Schrecken einjagen, bis sie weiß, dass ihr von dem brummenden Etwas keine Gefahr droht.

Empfindliche Tasthaare

Im Dunklen und im Nahbereich sieht das Kaninchen schlecht, es orientiert sich mithilfe seiner Tasthaare (Vibrissen). Locken Sie den Zwerg in eine Röhre. Stößt er an der Wand an? Bei Berührung der Röhrenwand biegen sich die Tasthaare, die Nerven an der Haarwurzel registrieren den Reiz. Deshalb die Tasthaare nie abschneiden.

Eltern-TIPP

Sehen mit Rundumblick
Wer mit unseren Augen die Dinge betrachtet, kann sich nur schwer vorstellen, wie ein Kaninchen seine Welt sieht. Erklären Sie Ihrem Kind, dass der Zwerg jede Bewegung um ihn herum wahrnimmt und hektische Bewegungen das Tier erschrecken. Eine Holzkiste ermöglicht dem Mini eine erhöhte Sitzposition mit noch mehr Überblick und wird gern angenommen. Oder springt Ihr Zwerg lieber auf das Sofa?

Schmeckt das?

Zwergkaninchen sind Feinschmecker, die eine Vorliebe haben für zartes, saftiges Grün. Testen Sie, was Ihre Zwerge mögen. Bieten Sie ihnen Kräuter an. Wonach recken sie sich am höchsten? Aber Achtung: Die Minis strecken sich auch nach allem, was süß schmeckt und dick macht. Da gleichen sie Kindern. Doch Snacks mit Zucker (Honig), Getreide oder Nüssen führen zu Verdauungsbeschwerden!

Willkommen im neuen Zuhause

Wie viel Zeit ein Zwerg zur Eingewöhnung braucht, hängt von seiner Persönlichkeit und Ihrer Mithilfe ab. Vor allem die eher schüchternen Fellnasen erfordern eine behutsamere Vorgehensweise und Geduld.

Wer wie ich als kleines Kind in eine fremde Stadt umziehen musste, kann sich vielleicht noch daran erinnern, wie einsam und verloren man sich anfangs vorkommt. Vermutlich wird es einem Kaninchen nicht viel anders ergehen, zumal es von Natur aus sehr revierbezogen ist und von all dem Fremden und Neuen noch viel mehr verunsichert wird. Da tut es gut, wenn das Zwergkaninchen von Anfang an mit mindestens einem netten Kumpel einziehen und zusammen mit ihm sein neues Zuhause erkunden kann.

EIN GUTER START

Wenn Sie zu Ihren Kaninchen eine vertrauensvolle Beziehung aufbauen wollen, dann beachten Sie bitte von Anfang an die wichtigen Umgangsregeln, die ich Ihnen im Quickstart auf Seite 7 bis 9 beschrieben habe. Setzen Sie sich still dazu und beobachten Sie Ihre Neuankömmlinge. Besonders Kinder wollen die süßen, flauschigen Kleinen am liebsten nur noch streicheln und herumtragen. Bitte nicht! Denn so viel aufgezwungene »Liebe« verträgt auch die coolste Fellnase nicht!

Hinweis: Kaninchen vertragen keine abrupte Futterumstellung. Lassen Sie sich eine Portion des gewohnten Futters mitgeben und mischen jeden Tag ein wenig von Ihrem Futter darunter, bis sich die Tiere auf die neue Kost eingestellt haben. Vorsicht bei frischem Grün, wenn die Zwerge dies nicht gewohnt sind (→ Seite 86)!

Eltern-TIPP

Immer mit der Ruhe!
Als die ersten zwei Fellnasen bei uns einzogen, wollten meine beiden Kinder sogleich alle ihre Schulfreunde zur Besichtigung einladen. Nicht so einfach, da als Mutter standhaft zu bleiben, wenn einem der Nachwuchs mit: »Ach bitte, Mama!« in den Ohren liegt. Da hilft nur, einmal tief durchzuatmen und dann in aller Ruhe zu erklären, dass die Tiere erst einmal Zeit benötigen, um sich einzuleben.

Ich trau mich nicht

Alles ist noch fremd und ungewohnt. Da tut es gut, wenn man ein Dach über dem Kopf hat und sich in sein Häuschen zurückziehen kann. Hier fühlt sich das Kaninchen wie in einem Bau geborgen. Nun bloß nicht mit Gewalt herauszerren! Geduld bewahren, bald siegt die Neugier, und der Mini kommt von selbst raus.

Ein Leckerbissen hilft

Da wir Menschen auf so ein kleines Tier bedrohlich wirken, begeben Sie sich auf Augenhöhe und legen Sie sich auf den Boden. Sprechen Sie den Zwerg freundlich an und halten Sie ihm etwas Leckeres, etwa eine Karotte, hin. Knabbert er daran, ist der erste Schritt getan. Ziehen Sie nun ganz langsam den Leckerbissen näher zu sich, bis Sie den Zwerg aus dem Häuschen gelockt haben. Für so viel Mut darf er seine Belohnung in aller Ruhe auffressen. Diese Übung mehrmals wiederholen.

Geschafft! Das Vertrauen ist da.

Vielleicht hat es nur Tage gedauert, vielleicht auch Wochen: Kommt der Zwerg freudig herbeigehoppelt, wenn Sie ihn rufen – Glückwunsch! Springt das Kaninchen auf Ihren Schoß, dann gibt es für diese Heldentat einen besonderen Leckerbissen. Bei meinen Zwergen ist es Blattpetersilie oder im Sommer Löwenzahn. Ein sanftes Streicheln über den Rücken besiegelt die neue Freundschaft.

LEBEN IN DER GEMEINSCHAFT

Kaninchen sind von Natur aus gesellig und sollten nie allein gehalten werden. Es gibt allerdings Situationen, in denen es notwendig wird, ein neues Kaninchen aufzunehmen und mit Ihrem Tier oder Ihrer Gruppe zu vergesellschaften:

- Ihr Zwerg hat bisher allein gelebt.
- Der Kaninchenpartner ist verstorben.
- Sie halten zwei Häsinnen und wollen einen kastrierten Bock dazusetzen, um das »Gezicke« ein wenig auszugleichen.
- Ihre Gruppe ist so heillos zerstritten, dass Sie sich zu einer getrennten Pärchenhaltung entschließen und nun einen neuen Partner suchen.

WICHTIG

Alt und Jung
Nehmen Sie ein neues Kaninchen auf, dann kann es zu Auseinandersetzungen kommen, bis die Rangordnung neu festgelegt ist. Dies ist völlig normal. Doch Kaninchen kennen keinen Welpenschutz wie unsere Hunde. Erwarten Sie folglich nicht, dass Ihr Revierinhaber einem acht Wochen alten Jungtier mit rücksichtsvoller Fürsorge begegnet! Der viel schwächere Kleine, eh schon völlig verunsichert, hätte null Chance! Entscheiden Sie sich lieber für einen Partner, der Ihrem Tier im Alter entspricht.

Wer harmoniert am besten miteinander?

Nicht jedes Kaninchen verträgt sich mit seinen Artgenossen gleichermaßen gut. Eine maßgebliche Rolle spielen dabei das Geschlecht, das Alter und die individuelle Persönlichkeit des Tieres. Letztere wird geprägt durch die Aufzucht (Haltung und Sozialisierung), individuelle Erbanlagen und rassetypische Eigenschaften. Ob sich der Zwerg jedoch später zu einem ranghohen (dominanten) Alphakaninchen entwickelt oder eher unterwürfig (subdominant) sein wird, kann man bei Jungtieren nur schwer voraussehen. Und wenn in einer Gruppe zwei Minis den Chef spielen wollen, kann das problematisch werden.

Diese Kombinationen können passen:
Jungtiere sollten bei der Abgabe mindestens sieben, besser noch acht Wochen alt sein. Achten Sie bei Ihrer Wahl auf gute Aufzuchtbedingungen und Sozialisierung (→ Seite 17 und 29). Egal, ob Sie sich für Wurfgeschwister entscheiden oder für Zwerge unterschiedlicher Rasse und Herkunft, bis zum Eintreten der Geschlechtsreife kann man Jungtiere problemlos vergesellschaften.

Ein Pärchen harmoniert in aller Regel am besten miteinander. Den Bock spätestens mit zehn Wochen dem Tierarzt zur Kastration (→ Seite 110) vorstellen!

Eine reine Männer-WG kann funktionieren, wenn die Böcke miteinander aufwachsen, frühzeitig kastriert werden und nicht gleichzeitig den Chef spielen wollen!

Wichtig: Potente Männchen zusammen zu halten, ist laut Tierschutzgesetz verboten! Und das aus gutem Grund, denn die Rammler werden sich mit Einsetzen der Geschlechtsreife bis »aufs Blut« bekämpfen

Typisch: Erst jagten sie sich quer durch den Garten. Nun fressen sie friedlich zusammen.

und sogar töten, da der Unterlegene nicht wie bei Wildkaninchen fliehen kann.

Zwei Weibchen leben als Jungtiere friedlich zusammen. Doch brünstig geworden, folgen sie ihrem Brutinstinkt und verteidigen ihr zukünftiges Nest, indem sie die vermeintliche Rivalin mobben und beißen.

Hinweis: Warum auch Weibchen kastriert werden sollten, erfahren Sie auf Seite 110.

Erwachsene Kaninchen aus dem Tierheim oder von einer privaten Tierschutzorganisation aufzunehmen ist nicht nur eine gute Tat, sondern hat auch Vorteile:

- Der Bock ist schon kastriert.
- Die Kaninchen sind bei der Abgabe tierärztlich durchgecheckt.
- Wer sich für erwachsene Kaninchen entscheidet, kann deren Wesen und

Aussehen viel besser beurteilen. Bei den süßen Kleinen ist dies nicht so einfach.

- Viele Tierschutzorganisationen beraten Sie auch bei der Wahl eines geeigneten Partners für Ihr einsames Kaninchen und helfen bei der späteren Zusammenführung vor Ort. Am besten, Sie fragen im Vorfeld nach.
- Entscheiden Sie sich für ein Pärchen, das bereits miteinander befreundet ist, dann ersparen Sie sich die Vergesellschaftung und alle damit verbundenen Probleme.

Hinweis: Nicht alle »Notfelle« sind aufgrund ihrer Vorgeschichte traumatisiert. Manche Kaninchen wurden einfach nur abgeschoben, sie sind aber dennoch lieb und zutraulich und auch für Kaninchenanfänger geeignet.

Zwerg Stupsi will bei Julchen, die gerade frisst, einen Geruchs-Check vornehmen.

Das passt Julchen überhaupt nicht! Energisch jagt sie den Störenfried in die Flucht.

KANINCHEN ERFOLGREICH ZUSAMMENFÜHREN

Nun ist es so weit: Ihr Zwerg soll Verstärkung bekommen. Ist der Neuankömmling schon geimpft und tierärztlich durchgecheckt, dann ist keine Quarantänezeit erforderlich. Haben Sie nur ein Tier, können Sie Ihren Zwerg in die Transportbox setzen und zur Abholung des neuen Kaninchens mitnehmen. Dort angekommen, geben Sie ein wenig von der Streu aus dem Käfig des fremden Kaninchens in diese Box und setzen es gleich mit hinein. Warum empfehle ich das? Der Austausch der jeweiligen Heimatgerüche zusammen mit dem gemeinsam durchgestandenen Stress – Kaninchen fahren nicht gern Auto – schmiedet die zukünftigen Partner von Anfang an zusammen. Ich habe diesen Trick schon vor zehn Jahren empfohlen und mehrfach mit Erfolg angewendet.

Neutraler Boden

Grundsätzlich sollten Sie kein neues Kaninchen einfach in ein Umfeld setzen, wo schon ein anderes oder eine Gruppe lebt und das Revier markiert hat (→ Seite 43). Der Revierinhaber würde das fremde Kaninchen unweigerlich als Eindringling empfinden und bekämpfen. Ein neutraler Boden für die erste Zusammenführung könnte sein: ein anderes Zimmer, der Hausflur, die Garage, oder Sie stecken mit Gitterelementen einen Bereich im Garten ab, der noch nicht benutzt und markiert wurde. Bezüglich der idealen Größe gehen die Expertenmeinungen auseinander. Etwa 5 qm für zwei Zwerge wären ausreichend. Ich empfehle aus meiner Erfahrung eher 10 qm, denn eine größere Fläche schafft bei Zwistigkeiten zusätzlichen Fluchtraum. Je enger der Raum, desto größer der Stress und die daraus entstehenden Aggressionen.

Hinweis: Achten Sie darauf, dass die erste Begegnung im Haus nicht auf glatten Fliesen oder Laminat stattfindet. Während der Vergesellschaftung rennen und springen die Kaninchen wild umher. Rutschen sie dabei auf dem glatten Untergrund aus, kann dies zu Verletzungen führen! Ein Teppichboden sorgt für Abhilfe.

Liebe geht durch den Magen

Verteilen Sie an mehreren Stellen leckeres, unterschiedliches Futter, Heukörbchen und Schüsseln mit Trinkwasser. Auch wenn besonders nervöse Zwerge anfangs nichts fressen, werden sie so – spätestens beim vielleicht schon gemeinsamen Mahl – das Kennenlernen mit etwas Angenehmem verknüpfen.

Fluchtburgen

Da Sie die bisherigen Einrichtungsmöbel kaum so reinigen können, dass sie für die feine Kaninchennase »geruchsneutral« sind, bieten sich unterschiedlich große, stabile Kartons als Sichtschutz und Rückzugsort an. Schneiden Sie in jeden Karton mindestens zwei Löcher (→ Tipp rechts).

Was alles passieren kann

Anfangs werden die Tiere vorsichtig das unbekannte Umfeld erkunden. Der unsichere Zwerg wird sich vermutlich in einem Karton verstecken, der selbstbewusstere vielleicht schon anfangen, mit der Kinndrüse die Kartons zu markieren. Übliche Rituale beim ersten Zusammentreffen:

- Gegenseitiges vorsichtiges Beschnuppern (Geruchskontrolle, → Seite 43).
- Anstupsen und leichtes Knuffen, wenn der andere sich der Geruchskontrolle entziehen will.

- Berammeln, um dem Gegenüber die eigene Überlegenheit zu beweisen (Dominanzaufreiten).
- Hinterherjagen, sich gegenseitig umkreisen und überspringen, wobei Urin verspritzt werden kann und Unmutsäußerungen wie Brummeln erfolgen.
- Beim gegenseitigen Anspringen, Kratzen und Beißen können auch mal Fellbüschel fliegen. All dies ist noch kein Grund zur Besorgnis, denn die Kaninchen klären so ihre Rangordnung.

Nerven bewahren und nicht zu früh eingreifen

Behalten Sie die Kaninchen die ganze Zeit über im Auge und üben Sie sich in Geduld. Seien Sie nicht enttäuscht, wenn es nicht gleich »Liebe auf den ersten Blick« ist. Und greifen Sie keinesfalls aus Mitleid zu früh ein, um die Tiere voneinander zu trennen, sonst zögert sich dieser wichtige Klärungsprozess nur noch länger hinaus. Wie lange eine Vergesellschaftung dauert, ist sehr unterschiedlich. Am besten, Sie

TIPP

Fluchtweg muss sein
Manchmal streiten Kaninchen. Flieht eines der Tiere in sein Häuschen und wird dort von dem Angreifer in die Enge getrieben, entsteht Panik, und die Streiterei eskaliert. Deshalb sollte ein Häuschen immer über einen zweiten Ausgang verfügen – genau wie das Tunnelsystem der Wildkaninchen.

Mit einem Sprung entflieht Stupsi dem angriffslustigen Deilenaar-Weibchen.

nehmen sich dafür ein Wochenende Zeit oder ein paar Tage Urlaub. Um im Ernstfall eingreifen zu können, ist es hilfreich, wenn Ihnen eine zweite Person zur Seite steht. Liegen die Zwerge erst einmal friedlich beieinander, fressen zusammen oder putzen sich gegenseitig, ist das Gröbste überstanden.

PROBLEME BEI DER VERGESELLSCHAFTUNG

Solange es bei den auf Seite 55 beschriebenen Rangordnungsritualen bleibt, ist alles im grünen Bereich. Doch manchmal eskaliert die Situation und die Ampeln stehen auf Rot! Das sieht dann folgendermaßen aus: Die Kontrahenten verbeißen

sich derart heftig ineinander, dass sie in der Hitze des Gefechts überhaupt nicht mehr vom Gegenüber ablassen. Man sieht nur noch einen wild umherwirbelnden Tornado aus Fell. Die Tiere beißen sich in die Ohren, ins Maul und überall, wo sie den Rivalen zu fassen bekommen, und fügen sich auch mit ihren wehrhaften Krallen schlimme Verletzungen zu, die tierärztlich behandelt werden müssen. Wenn Sie dies beobachten, müssen Sie umgehend eingreifen! Bitte nicht mit den bloßen Händen dazwischengehen, sonst müssen Sie danach ebenfalls zum Arzt! Auch Tipps wie »Anspritzen mit der Wasserpistole« oder »In-die-Hände-Klatschen«, wie von einigen empfohlen, helfen in diesem Ernstfall nicht weiter. Man kann sich feste Lederhandschuhe überziehen und versuchen, zumindest eines der Tiere blitzschnell zu ergreifen und es vom anderen zu trennen. Doch das ist schwierig, wenn man ein Knäuel aus wütend ineinander verbissenen Kämpfern vor sich hat. **Meine Empfehlung:** Werfen Sie eine schwere Wolldecke über die Raufbolde. Dann den Überraschungseffekt der plötzlichen Dunkelheit nutzen und durch die Decke hindurch eines der Tiere ergreifen und hochnehmen.

Vorübergehende Trennung

Damit die Kaninchen zur Ruhe kommen und den Stress abbauen können, setzt man sie getrennt voneinander in separate Käfige oder noch besser jedes Tier in ein eigenes Auslaufgehege. Empfehlenswert ist die Unterbringung in unterschiedlichen Räumen, damit sich die Tiere in dieser Phase nicht mehr sehen und riechen. **Hinweis:** Suchen Sie die Tiere, sobald sie sich ein wenig beruhigt haben, am ganzen

TIPP

Heimvorteil
Handelt es sich bei dem neuen Zwerg um ein eher schüchternes (subdominantes) Kaninchen, dann setzen Sie es zuerst in das zukünftige gemeinsame Gehege. Dieser kleine Heimvorteil stärkt sein Selbstbewusstsein. Erst Stunden danach kommt der selbstbewusstere Artgenosse ebenfalls dazu, der hier schon zuvor gelebt hat.

Körper sorgsam nach Kampfspuren und Verletzungen ab. Kleinere Bisswunden können gut mit Schwedenbitter oder mit einem Wundspray behandelt werden (→ Seite 108/109). Bei größeren Verletzungen müssen Sie mit den Kaninchen zum Tierarzt gehen.

Erneuter Versuch

Nach etwa zwei Wochen können Sie versuchen, die Tiere nochmals zusammenzubringen. Manchmal wird empfohlen, dies schon am nächsten Tag zu tun. Ich persönlich bin kein Anhänger dieser harten Methode. Zum einen benötigen die Wunden Zeit zu verheilen. Zum anderen kann so viel Stress kurz hintereinander die Immunabwehr der Tiere beeinträchtigen und als Folge davon können versteckte Krankheiten ausbrechen, wie etwa die Schiefkopf-Krankheit, ausgelöst durch den Einzeller *Encephalitozoon cuniculi*.

Einzug ins gemeinsame Revier

In den meisten Fällen verläuft die Vergesellschaftung nicht so dramatisch, und die Fellnasen leben friedlich zusammen, nachdem sie ihre Rangordnung geklärt haben. Kommt es zwischendurch zu kleineren Rangeleien (→ Fotos, Seite 54 und 56), ist das völlig normal und kein Grund zur Besorgnis. Vor allem gegengeschlechtliche und kastrierte Kaninchen, die ausreichend Bewegungsfreiraum haben, genießen die Geselligkeit und können lebenslange Freundschaften eingehen.

Wenn sich zwei überhaupt nicht riechen können

Wenn ein Tier in der Gemeinschaft dauerhaft gemobbt und so eingeschüchtert wird, dass es bei jeder Annäherung panikartig schreit, sich komplett zurückzieht und kaum noch frisst, sollten Sie diesem Kaninchen das ersparen und es herausnehmen. Das Gleiche gilt, wenn trotz aller Versuche die ernsthaften, blutigen Kämpfe andauern. Dann hilft nur noch, für den Zwerg einen neuen Kumpel zu suchen, mit dem er lieber zusammenlebt.

PROBLEME BEI DER HALTUNG UND EINGEWÖHNUNG

Viele Halter bitten mich um Rat, weil sie akute Probleme haben mit ihren Zwergkaninchen. In diesen Fällen vertragen sich die Tiere zwar untereinander, aber ihr Mensch kommt nicht mit ihnen klar. Anfangs ist man enttäuscht, dann aber regelrecht verzweifelt, wenn sich ein Problem über einen längeren Zeitraum

hinzieht und scheinbar nicht lösbar erscheint. Die häufigsten Ursachen für diese Disharmonie sind:

- ◆ Mangelnde Kenntnisse über das Verhalten der Kaninchen: Zweibeiner versteht Vierbeiner nicht und spricht kein »Kaninisch«.
- ◆ Fehler im täglichen Umgang: Häufig sind sich die Halter dessen nicht einmal bewusst und glauben, alles richtig gemacht zu haben. Doch das Kaninchen merkt sich so etwas. Und ist das Vertrauen erst einmal zerstört, erfordert es umso mehr Erfahrung, Liebe und Geduld, das verloren gegangene Vertrauensverhältnis wieder aufzubauen.
- ◆ Nicht artgerechte Haltung: Kein Auslauf oder zu wenig Bewegungsfreiraum (mindestens 2–3 qm pro Zwerg), mangelnde Abwechslung und Beschäftigungsmöglichkeiten.

Noch immer scheu

Gut sozialisierte, wesensfeste Zwerge, die schon bei der Aufzucht Vertrauen zum Menschen aufbauen konnten, werden auch in ihrem neuen Zuhause schnell zutraulich (→ Seite 51). Anders verhält es sich, wenn man ein Kaninchen aus einer schlechten Haltung aufnimmt oder ein Junges zu sich holt, welches besonders unsicher und schreckhaft ist. Dann kann es vorkommen, dass so ein Kaninchen auch noch nach Wochen beim kleinsten ungewohnten Geräusch oder sobald man sich nähert, panisch in sein Versteck flüchtet. Und dort hockt es dann oft stundenlang und traut sich nicht aus dem sicheren Unterschlupf (Bau). Denn so ein Sensibelchen empfindet sein Umfeld einschließlich uns Menschen als angsteinflößend und bedrohlich.

Was tun, wenn sich der Zwerg immerzu versteckt und sich nicht raustraut?

Verständlicherweise fühlt sich diese kleine Fellnase nicht wohl in ihrer Haut und ihre Lebensqualität leidet unter dem Dauerstress enorm.

Verzweifeln Sie nicht und versuchen Sie es mit folgenden Empfehlungen:

Der Standort: Überprüfen Sie, ob der Zimmerkäfig und/oder das Gehege nicht an einem Platz steht, wo es zu laut und hektisch zugeht. Dies ist nichts für Ninchens schwache Nerven!

Hochnehmen, Tragen und auch Streicheln ist erst einmal tabu! Solange Ihr Zwerg so ängstlich ist, würde ihn das nur noch mehr in Bedrängnis bringen.

Setzen oder legen Sie sich still dazu. Damit Ihnen nicht langweilig wird, können Sie derweil ein Buch lesen. Unternehmen Sie nichts weiter und wiederholen Sie diese Übung so lange und so oft, bis der Zwerg registriert, dass von Ihrer Person keine Gefahr ausgeht.

Langsame und ruhige Bewegungen sind im Umgang mit einem so ängstlichen Kaninchen besonders wichtig. Eine plötzliche, ruckartige Bewegung, schnelles Aufstehen oder gar Herumlaufen im Umfeld reichen aus, um sofort den Fluchtinstinkt auszulösen (→ Seite 44).

Freundliches Ansprechen: Damit sich der Mini an Ihre Stimme gewöhnt, sprechen Sie so mit ihm, als ob Sie mit einem Baby sprechen würden. Das Kaninchen versteht nicht Ihre Worte, empfindet aber Ihre sanften Koselaute als angenehm.

Mit Leckerbissen locken: Versuchen Sie nun, Ihren Zwerg wie auf Seite 51 beschrieben mit einer Karotte (Blattpetersilie, Gurke, Löwenzahn oder was er am liebsten mag) behutsam aus seinem Häuschen zu locken. Damit er auch hungrig genug ist, gibt es im Vorfeld zu dieser Übung kein weiteres Futter, sondern nur reichlich Heu. Heu benötigt das Kaninchen immer, damit seine Verdauung funktioniert (→ Seite 80f.).

Hilfe, mein Kaninchen beißt mich!

Manchmal zwicken oder knuffen Kaninchen ihren Halter, weil sie Aufmerksamkeit wollen. Oder sie sind so gierig nach dem dargebotenen Leckerbissen, dass sie einem dabei versehentlich in den Finger beißen. Dies ist keine böse Absicht, sondern liegt daran, dass die Tiere im Nahbereich nicht so gut sehen können (→ Seite 44). Sorgen Sie für ausreichend »Knabberabstand« zu Ihrer Hand (→ Fotos, Seite 49 und 51), dann kann das nicht passieren. Doch was tun, wenn der Zwerg ernsthaft zum Angriff übergeht, wenn Sie mit der Hand in seine Nähe kommen? Autsch, das tut richtig weh, wenn er zubeißt! Beobachten Sie genau, in welcher Situation die Aggression erfolgt. Geschieht es immer dann, wenn Sie Ihrem Zwerg die Futterschüssel in den Käfig stellen, handelt es sich um eine futterbezogene Aggression. Mehr dazu erfahren Sie auf Seite 97.

Ein Kaninchen kann Sie aber auch attackieren, weil es sich von Ihnen bedroht fühlt und sich nicht mehr anders zu helfen weiß. In einem solchen Fall hat die kleine Fellnase in der Vergangenheit mit Ihnen oder mit einer anderen Person schlechte Erfahrungen gemacht. Dann benötigen Sie viel Zeit, Geduld und Liebe, um das zerstörte Vertrauen wieder neu aufzubauen. Meine Empfehlungen, die ich Ihnen für das ängstliche, scheue Kaninchen gegeben habe (→ Seite 58), können Ihnen auch hierbei helfen.

3

PLATZ
ZUM
HOPPELN

Zwergkaninchen sind zwar klein, doch sie möchten wie ihre größeren Verwandten nach Herzenslust hoppeln und springen, buddeln und erkunden. Ständig eingesperrt in einem Käfig zu leben ist nicht artgerecht. Auch die Ausstattung des Wohlfühlheims muss an die Bedürfnisse der Zwerge angepasst sein.

Ein Kaninchenheim zum Wohlfühlen

Kein Zimmerkäfig, ist er auch noch so groß, eignet sich zur dauerhaften Unterbringung. Bleibt die Tür jedoch stets geöffnet, nutzen die Zwerge den Zimmerkäfig gern als Rückzugsort und Schlafplatz.

Viele angehende Kaninchenhalter stellen sich die Frage: Kann ich meinen Fellnasen in der Wohnung ein artgerechtes Leben ermöglichen? Sicherlich kann man den Tieren die Natur nicht vollständig ersetzen. Doch es gibt viele Möglichkeiten, seinen Kaninchen zu Hause einen Lebensraum zu schaffen, in dem sie sich wohlfühlen. Und häufig ist der Kontakt zu Wohnungskaninchen intensiver, als wenn die Tiere ganzjährig in Außenhaltung leben.

WELCHER ZIMMERKÄFIG EIGNET SICH?

Die im Fachhandel angebotenen Modelle bestehen in der Regel aus einer Kunststoffunterschale und einem abnehmbaren Gitteroberteil.

Größe: Komfortabel ist ein Großraumkäfig, der sowohl zwei Zwergen als auch für die Innenausstattung mehr Raum bietet. Achten Sie beim Kauf nicht auf verführerische Bezeichnungen, sondern auf die Maße. Sie sollten in etwa sein: 160 cm lang, 80 cm breit und 58 cm hoch. Wer beim Reinigen und Hantieren mit der großen Wanne Probleme hat, kann die

Fläche auch auf mehrere Etagen verteilen (→ Seite 63).

Bodenwanne: Eine Schalenhöhe von 16 bis 18 cm reicht völlig aus, damit die Kaninchen die Einstreu nicht aus dem Käfig scharren. Zu hohe Unterschalen (mehr als 25 cm) versperren den Kleinen nur die Sicht.

Gitteroberteil: Es sollte waagerecht verlaufende Stäbe haben, an denen sich die Kaninchen strecken und abstützen können (Gitterabstand etwa 2,5 cm). Empfehlenswert sind Metallgitter mit einer fest eingebrannten Pulverbeschichtung. Laut Herstellerangaben sind inzwischen auch die farbigen Gitter so beschichtet, dass sie für Nager unschädlich sind. Wählen Sie ein Oberteil mit einer oder zwei Klapptüren an der Front, damit die Kaninchen selbstständig hinaus- und hineinhoppeln können. Zum leichteren Hantieren sollte der Käfig oben eine zusätzliche Tür haben. Seitlich geschlossene Kunststoffhauben sind wegen mangelnder Frischluftzufuhr nicht empfehlenswert. Erfreulicherweise werden diese – so meine Recherchen – inzwischen zumindest für Kaninchenkäfige nicht mehr angeboten.

MEHRSTÖCKIGE ETAGENHEIME

Aufgrund der großen Nachfrage werden im Fachhandel inzwischen ganz unterschiedliche Modelle angeboten. Leider sind die meisten – vermutlich aus Kostengründen – nur mit Einschränkungen zu empfehlen. Sind Sie handwerklich geschickt und wollen es im Eigenbau versuchen, finden Sie im Internet in den Kaninchen-Foren und auf Homepages oftmals gute Anregungen (→ Seite 141). Egal, wie Sie sich entscheiden, achten Sie hierauf:

Die Grundfläche pro Etage sollte für zwei Zwerge nicht kleiner als 120 cm x 60 cm sein. Sonst ist der Mehrwert an zusätzlichem Bewegungsraum zu gering.

Tiefe Unterschalen auf jeder Etage, am besten zum Herausziehen, sind besser als flache Böden oder Schubladen. So verhindert man, dass die Zwerge die Einstreu nach draußen ins Zimmer scharren oder Urin an den Ecken herausfließen kann. Als zusätzlichen Schutz können Sie von außen die Gitter- oder Maschendrahtwände von jeder Etage (hinten und an beiden Seiten) unten mit einer Acrylleiste verkleiden (etwa 25 cm hoch).

Die Aufstiegsrampen dürfen nicht zu steil und zu schmal sein, sonst können vor allem die jungen Zwerge abstürzen und sich verletzen. Laufstege aus Holz werden zum besseren Halt mit Rundhölzern versehen, ähnlich wie bei Hühnerleitern.

Den Durchschlupf (Öffnung) zur jeweils höheren Etage kann man mit einem kastenförmigen Überbau aus Holz versehen, den man zum besseren Halt fest mit der Aufstiegsrampe verbindet. So bekommt das Kaninchen einen zusätzlichen erhöhten Sitzplatz, und die Einstreu fällt nicht

Ein Ytongstein verhindert eine zu rasche Verschmutzung von Wasser- und Futterschüssel. Die Holzraufe mit Dach dient zugleich als Ruheplatz.

nach unten. Kein Kaninchen mag es, wenn ihm Stroh oder Späne auf den Kopf oder in die Augen fallen.

DER RICHTIGE STANDORT IST WICHTIG

Wählen Sie für Käfig und Zimmergehege einen Platz aus, an dem sich die Zwergkaninchen wohlfühlen.

Raumtemperatur: Kaninchen sind hitzeempfindlich und mögen es lieber kühler. 18 Grad plus/minus 4 Grad sind ideal. Im Winter nicht neben dem Heizkörper aufstellen und im Sommer starke Sonneneinstrahlung vermeiden, sonst besteht die Gefahr eines Hitzschlages.

Frischluft: Regelmäßig durchlüften, im Hochsommer am besten abends, wenn es kühler geworden ist. Zugluft, häufig in Bodennähe eine Gefahr, vertragen Kanin-

chen allerdings nicht und können sich dann erkälten.

Hell oder dunkel? Am liebsten ein helles, aber gedämpftes Umgebungslicht. Grelles Sonnenlicht ist nichts für Kaninchens empfindliche Augen, da ihre Pupillen starr und stets weit geöffnet sind (→ Seite 44).

Lärmpegel: An leise Musik und Alltagsgeräusche können sich die Tiere gewöhnen. Aber ein Standort, an dem ständig jemand vorbeiläuft, Türen zugeschlagen werden oder herumgeschrien wird, stresst und verstört die Tiere, da sie ein sehr feines Gehör besitzen (→ Seite 44).

DIE BASICS IM KANINCHENHEIM

In jeden Zimmerkäfig gehört eine gewisse Grundausstattung. Ideen, die darüber hinaus zur Beschäftigung anregen, finden Sie auf Seite 68 bis 70 und ab Seite 124. Alles Inventar sollte herausnehmbar und jederzeit leicht zu reinigen sein. Denn die Kaninchen markieren gern ihre Sitzplätze und verteilen ihre Ausscheidungen nicht nur in der Toilettenkiste und Einstreu.

Welche Einstreu eignet sich am besten?

Ich habe viele unterschiedliche Sorten aus dem Fachhandel getestet, bin aber wieder zu meiner gewohnten Einstreu-Mischung zurückgekehrt. Zuerst kommt auf den Boden eine etwa 8 cm dicke Lage Kleintierstreu aus Weichholzspänen. Die Späne binden den Geruch und saugen den Urin gut auf. Alternativ dazu kann man Hanfstreu als Untergrund verwenden. Darüber streue ich eine dicke Lage Stroh, die ich einmal täglich auflockere, damit die Kot-

In der Weidenröhre kann das Widderchen sich verstecken und auch daran knabbern.

kügelchen nach unten fallen und gar nicht erst festgetreten werden. Meine Kaninchen kuscheln gern im Stroh und knabbern mit Vorliebe daran.

Hinweis: Von Pellets aus gepresstem Stroh, Mais, Holz oder Hanf rate ich ab. Bis sich die harten Pellets mit Urin vollgesaugt haben und von den Tieren zu einer weichen Matte zertreten werden, hocken die armen Kleinen auf steinharten Brocken, die ihren Läufen schaden und keinerlei Komfort bieten!

Wohin mit dem Heu?

Heu ist das »Brot« der Kaninchen. Sie benötigen es, damit ihre Verdauung funktioniert (→ Seite 80f.). Bitte nicht einfach auf den Käfigboden streuen, da es dort zu schnell verunreinigt wird. Platzsparend sind Raufen, die Sie außen am Gitter einhängen. Haben Sie mehr Platz zur Verfügung, können Sie eine Holzraufe mit zusätzlichem Sitzplatz kaufen (→ Foto, Seite 63).

Hinweis: Keine Gitterraufen ohne Abdeckung verwenden! Kaninchen springen gern dort hinein, können mit den Beinen in den Gitterstäben hängen bleiben und sich schlimm verletzen!

Kaninchentränke oder besser Wassernapf?

Sauberes, frisches Wasser müssen Sie den Kaninchen immer ausreichend zur Verfügung stellen.

Die Nippeltränke ist ein Wasserspender, den man außen ans Käfiggitter hängt. Das spart Platz und schützt das Wasser vor Verschmutzung (→ Reinigung, Seite 67). Doch das Kaninchen kann hierbei sein Trinkwasser nur tröpfchenweise aus einem

Die Brücke aus Weidenholz ist eine gute Einstiegshilfe, damit der Zwerg nicht mit den Pfoten im Türgitter hängen bleibt.

Metallrohr herausnuckeln. Dazu fördert das Trinken aus der Nippeltränke eine unnatürlich abgeknickte Nackenhaltung. Außerdem fangen viele Nippeltränken nach längerem Gebrauch trotz des Kugelventils im Metallrohr an, permanent in den Käfig zu tropfen.

Alternativ dazu können Sie Ihren Zwergen das Wasser in einem **schweren Steingutnapf** anbieten. Damit das Wasser nicht zu schnell verunreinigt wird, empfehle ich Ihnen, den Napf erhöht auf einen Ytongstein zu stellen (→ Foto, Seite 63 oben).

Oder Sie bieten Ihren Zwergen das Wasser in einem Edelstahlnapf an, welchen Sie ans Gitter hängen (→ Foto, Seite 63).

Hinweis: Wissenschaftler haben mittels Tests herausgefunden, dass Kaninchen lieber aus dem Napf trinken, da es ihrem natürlichen Trinkverhalten entspricht. Im Gegensatz zu den angebotenen Nippeltränken nahmen die Tiere hierbei mehr Flüssigkeit auf und konnten schneller ihren Durst stillen. Viele Vorteile, weshalb auch ich meinen Kaninchen das Wasser nur noch in Näpfen anbiete.

Futtergefäße

Ich empfehle schwere glasierte **Steingutnäpfe** mit einem Durchmesser von circa 10 bis 15 cm, am besten mit nach innen gebogenem Rand, damit das Kaninchen nicht so leicht das Futter herausscharren kann. Plastiknäpfe sind ungeeignet, da sie zu leicht umgeworfen und angenagt werden. Da es keine größeren Futternäpfe speziell für frisches Grün und Saftfutter gibt, habe ich mir dafür flache Blumenuntersetzer aus glasiertem Ton besorgt, Durchmesser 20 cm. Sie sind besonders praktisch für das Zimmergehege und groß genug, dass daraus auch zwei Minis zusammen fressen können.

Ein Häuschen zum Kuscheln

Kaninchen benötigen einen Unterschlupf, in den sie sich zurückziehen können und geborgen fühlen. Ob gekauft oder selbst gebastelt, achten Sie auf Folgendes:

- Ein Holzhäuschen wird gern angeknabbert, ist aber dafür unbedenklich für Kaninchens Gesundheit.
- Mit Flachdach bietet es dem Zwerg zusätzlich einen erhöhten Ruheplatz.
- Das Häuschen sollte so geräumig sein, dass zwei Zwerge darin Platz zum Kuscheln finden.
- Nur ein Modell mit einem zweiten Fluchtausgang ist kaninchentauglich (→ Tipp, Seite 55).

Das stille Örtchen

Ein Wildkaninchen hält seine Wohnhöhle und den Bau, in dem es seinen Nachwuchs aufzieht, stets sauber. Diese Hygiene ist wichtig, damit sich dort keine Parasiten einnisten können, die Krankheiten übertragen. Auch unsere Zwerge nutzen in ihrem Zimmerkäfig (Stall) meist nur ein bestimmtes Eckchen als Kotplatz und versuchen dadurch, ihren übrigen Wohnbereich sauber zu halten. An dieser Stelle können Sie eine platzsparende Ecktoilette

Eltern-TIPP

Wer übernimmt was?
Besprechen Sie mit Ihrem Kind, welche Arbeiten es eigenverantwortlich übernehmen soll und wobei Sie mithelfen. Festgehalten in einem schriftlichen Tages- und Wochenplan, gut sichtbar an der Wand angebracht, müssen sich dann alle daran halten. Bleiben Sie konsequent, kontrollieren Sie nach, und vergessen Sie dabei nicht, Ihr Kind zu loben, wenn es seine Aufgabe gut erledigt hat. So lernt Ihr Kind frühzeitig, Verantwortung zu übernehmen.

aufstellen, die im Fachhandel speziell für Kaninchen angeboten wird. Für das Auslaufgehege empfehle ich Ihnen, den Zwergen eine zusätzliche Toilette anzubieten. Dafür eignet sich eine handelsübliche Katzentoilette, bestehend aus einer offenen Kunststoffschale mit abnehmbarem Schutzrand, damit der Zwerg den Inhalt nicht nach außen scharrt.

Hinweis: Verwenden Sie keine handelsübliche Katzenstreu (aus Betonit oder Silikat), auch kein anderes Klumpstreu! Manche Kaninchen fressen davon, was zu schwersten Verdauungsstörungen bis hin zum Tod führen kann. Es gibt speziell für Kleintiere eine nicht klumpende Einstreu aus reinem Pflanzengranulat, die für die Toilette bestens geeignet ist. Etwa 7 cm dick einstreuen, das ist ausreichend.

SAUBERKEIT IST WICHTIG

Damit sich Ihre Zwerge daheim wohlfühlen und gesund bleiben, gehört der regelmäßige Hausputz zum Pflichtprogramm.

Tägliche Reinigung

* Futterreste vom Vortag entfernen, dann alle Näpfe unter heißem Wasser abbürsten und gut abtrocknen.
* Verwenden Sie eine Nippeltränke, diese mit der Flaschenbürste ausschrubben und das Metallröhrchen zusätzlich mit einem Wattestäbchen säubern, damit sich dort keine Keime absetzen.
* Platt getretenes Stroh mit der Hand so auflockern, dass die Kotpillen nach unten in die Kleintierstreu fallen.
* Auch der Boden im Auslauf (Wohnung oder Balkon) gehört gereinigt, da herumliegende Kotpillen vor allem im

> ## TIPP
> **Urinstein entfernen**
> In den Kunststoffwannen von Käfig und Toilette setzt sich nach längerem Gebrauch hartnäckiger Urinstein fest, den Sie so entfernen können: Wanne etwa 3 cm hoch mit warmem Wasser füllen, darin pro Liter zwei Teelöffel Zitronensäure auflösen (in der Apotheke erhältlich) und eine Stunde einwirken lassen. Anschließend alles wegkippen und gründlich mit klarem Wasser nachspülen – fertig.

Sommer Fliegen anlocken können (→ Krankheiten, Seite 114).

Wöchentliche Komplettreinigung

* Die gesamte Einstreu in den Unterkünften, Toiletten- und Buddelkisten komplett entfernen.
* Alle Wannen und alles Inventar wie Sitzbretter, Häuschen und Einbauten unter heißem Wasser abschrubben und gut abtrocknen. Nun können Sie wieder frisch einstreuen.

Hinweis: Während des Großreinemachens setzen Sie die Zwerge am besten in die Transportbox. Dort haben die Tiere ihre Ruhe, und Sie müssen nicht ständig auf sie aufpassen. Sind zusätzlich Reinigungsmittel erforderlich, verwenden Sie umweltverträgliche Produkte. Eine Desinfektion ist nur bei ansteckenden Krankheiten nötig (auf biologische Produkte achten).

Abenteuerspielplatz Zimmergehege

Nach Herzenslust herumhoppeln ist ein Grundbedürfnis unserer bewegungsfreudigen Fellnasen. Gibt es dabei allerlei Spannendes zu entdecken, macht das Leben auch in der Wohnung richtig Spaß.

Wer den ganzen Tag nur herumsitzt und dazu noch Fast Food isst, wird immer träger und dicker. Nicht anders verhält es sich mit unseren Kaninchen, wenn sie eingesperrt im Käfig leben und mit ungesundem Trockenfutter vollgestopft werden. Dagegen hilft neben gesunder Ernährung (→ Seite 82ff.) nur Bewegung und nochmals Bewegung! Doch frei in der Wohnung laufen lassen birgt allerlei Gefahren, und nicht jeder kann sein Zuhause komplett kaninchengerecht umgestalten. Als wir unsere ersten Minis in der Wohnung hielten, musste ich den Herrn von der Telefongesellschaft zu uns bitten, weil plötzlich die Leitung tot war. Der kam, zog das durchgenagte Verbindungskabel unter dem Sofa hervor und meinte nur amüsiert grinsend: »Sie haben Kaninchen, stimmt's?« Daraufhin brachten wir unsere kleinen Racker in einem umgebauten Babylaufstall unter, denn die praktischen Gitterelemente gab es zur damaligen Zeit noch nicht.

ZUSATZWISSEN

Buddelfreuden
Das Bedürfnis zu buddeln ist den Zwergen angeboren. Wildkaninchen leben in Gegenden mit lockeren Böden, wo sie Höhlen graben, die aus einem verzweigten, bis 3 m tiefen Gangsystem bestehen. Dort sinkt auch im Winter die Temperatur nicht unter 4 °C. Der Bau ist Lebensraum, er dient dem Schutz vor Feinden und der Witterung. Um das Buddelverhalten ausleben zu können, freut sich jedes Wohnungskaninchen über eine Buddelkiste im Gehege, etwa eine handelsübliche Katzentoilette aus Kunststoff oder eine nagefreundliche Kiste aus unbehandeltem Naturholz (→ Seite 132).

12 qm Zimmergehege für 4 Zwerge mit gekauften und selbst gebauten Einrichtungsmöbeln.

WIE GESTALTET MAN EIN GEHEGE?

Sobald Sie sich für den Platz in Ihrer Wohnung entschieden haben, kann es losgehen (→ der richtige Standort, Seite 64).

Größe: Pro Zwerg sollten es mindestens 2 bis 3 qm sein. Steht mehr Raum zur Verfügung, freuen sich Ihre Minis.

Als Umzäunung eignen sich die im Handel erhältlichen Kaninchen-Freigehege (entweder verzinkt oder schwarz epoxybeschichtet) gut. Sie können sie nach Belieben miteinander verbinden. Sie bestehen aus beweglichen, aber zugleich fest miteinander verbundenen Gitterelementen und können bei Bedarf platzsparend zusammengeklappt werden. Eine erhöht angebrachte Tür ermöglicht Ihnen einen bequemen Einstieg, ohne dass die Zwerge gleich entwischen können. Gehören Ihre Zwerge zu den Sprungtalenten, sollten Sie sich gleich für eine Gitterhöhe von etwa 90 cm entscheiden, ansonsten reichen 75 bis 80 cm. Wer handwerklich geschickt ist, kann seine Umzäunung auch selbst bauen, wobei man die Holzrahmen entweder mit Volierendraht oder zur freien Durchsicht mit Plexiglas versehen kann.

Der Gehegeboden sollte nicht durchgehend aus rutschigen Fliesen, Laminat oder PVC bestehen (→ Seite 55). Benutzen die Zwerge ihre stillen Örtchen, kann man große Läufer oder Teppiche aus Naturmaterialien wie Maisstroh, Bambus oder Sisal auslegen. Sie lassen sich zwar nicht so gut reinigen, sind dafür aber – wenn der Zwerg daran knabbert – gesundheitlich unbedenklich. Gehören Ihre Kaninchen zu den »Saubären«, die neben den leicht aufsaugbaren Kotkügelchen auch überall Urinseen hinterlassen, empfehle ich Ihnen folgende Kombination: Auf den vorhandenen Zimmerboden legen Sie zum Schutz eine wasserdichte Plane. Darauf kommt eine Lage Zeitungspapier, die durchsickernden Urin aufsaugt. Die obere Lage und Lauffläche ist eine strapazierfähige Teppichboden-Auslegware, die sich gut reinigen lässt. Kaufen Sie den Teppichboden in einem Stück, und ziehen Sie die äußeren Kanten unter der Umzäunung des

Zwergschecke Ronja relaxt gern in meiner selbst genähten Stuhl-Hängematte.

Geheges nach außen, damit den Nagezähnen keine Angriffsfläche geboten wird. Denn diese Auslegwaren bestehen in der Regel aus Kunststoff und sind gesundheitsschädlich, wenn das Kaninchen davon frisst. Nicht geeignet sind einzelne Teppichfliesen, die aufgescharrt werden, und Schlingenware, da sich die Tiere mit den Krallen darin verhaken können!

Hinweis: Steht der Zimmerkäfig samt Gitteroberteil im Auslauf, sollten Sie eine dicke Baumwolldecke auf das Käfigdach legen, damit kein Kaninchen beim Auf- und Absprung in den Stäben hängen bleibt und sich verletzt.

DIE INNENEINRICHTUNG

Neben den schon beschriebenen Basics für den Zimmerkäfig, der Buddel- (→ Seite 68) und Toilettenkiste (→ Seite 66), finden Sie hier weitere Vorschläge zur Einrichtung des Zimmergeheges:

Aus dem Zoofachhandel: Biegsame Weidenbrücken, Korkröhren, Tunnel aus Heu oder Weide, Häuser aus Holz oder Gras, in unterschiedlichen Größen, zum Durchschlüpfen, Verstecken und Draufspringen, Körbchen aus Weide oder Gras zum Kuscheln und originelle Alternativen zur Heuraufe, zum Beispiel in Form eines Bollerwagens (→ Foto, Seite 69).

Für Heimwerker: Holzkisten zum Verstecken und als erhöhten Liegeplatz. Auch einen Holzstamm, etwa 30 cm hoch, Durchmesser 30 cm aus dem Garten/ Wald, nutzen die Zwerge gern als Aussichtsplatz. Ich habe im Lauf der Zeit verschiedene Einrichtungsgegenstände entwickelt (Knabberbaum, Treppe aus Ytongsteinen und Kisten-Wohnturm mit

GEFAHRENQUELLEN FÜR WOHNUNGSKANINCHEN

Wenn Ihre Zwergkaninchen frei herumlaufen können, müssen Sie Vorsorgemaßnahmen treffen. Das kann ihnen gefährlich werden:

GEFAHREN-QUELLEN	WAS PASSIEREN KANN	ABHILFE
Elektrokabel	Stromschlag durch Anknabbern	in Kabelleisten legen
Türen	Verletzung durch Einklemmen	vorsichtig öffnen/schließen
Offene Treppen	Absturzgefahr	Treppe mit Treppenschutzrollo (für Kleinkinder) absichern
Sofa	Zwerg versteckt sich hinter Kissen	vor dem Hinsetzen immer erst nachschauen
Mensch	Kaninchen läuft zwischen die Beine, man tritt aufs Tier	behutsam bewegen, immer nach unten/hinten schauen
Tisch	Verletzung beim Runterfallen oder -springen	Tier nie auf den Tisch setzen und allein lassen
Pflanzen	eventuell Vergiftungsgefahr durch Anknabbern	giftige Pflanzen gehören entfernt (→ Internetadressen, Seite 142)
Hund/Katze	Stress/Schock durch Hinterherjagen, Bissverletzungen	nie unbeaufsichtigt zusammen laufen lassen

Buddelkiste, → Foto Seite 69). Wer sie nachbauen möchte, findet dazu weitere Informationen auf Seite 128–129 und in der App.

Abwechslung: Damit der Auslauf auf Dauer nicht zu langweilig wird, bieten Sie Ihren Zwergen ab und zu etwas Neues zum Entdecken an. Das können einfache Sachen sein wie eine Obstkiste aus dem Supermarkt, die Sie im Herbst mit trockenem Laub füllen, oder ein stabiler Pappkarton, in den Sie mehrere Löcher zum Durchschlüpfen schneiden (→ auch Futter- und Beschäftigungsspiele, Seite 128–129).

Struktur: Überfrachten Sie das Gehege nicht, sondern verteilen Sie alle Einrichtungsmöbel so, dass den kleinen Fellnasen noch ausreichend Platz bleibt zum freien Herumhoppeln.

Achtung: Stellen Sie die Kisten oder Häuschen nicht zu dicht an die Umzäunung, sonst könnten Ihre Kaninchen diese als »Sprungbrett« nutzen und aus dem Gehege ausbüxen.

Auf Entdeckertour: Im Gehege und Auslauf

Kuschelbettchen

Kaninchen lieben weich gepolsterte Körbchen, in denen sie gern miteinander kuscheln. Denn als Wohnungskaninchen fehlt ihnen der natürliche Wiesenuntergrund. Warum also nur auf dem harten Zimmerboden liegen, wenn es auch bequemer geht? Bieten Sie Ihren Minis unterschiedlich große Kuschelbettchen aus Naturmaterialien an, es kann auch ein einfacher Pappkarton sein. Polstern Sie diese mit Stroh, Heu, trockenem Moos oder Kleintierstreu, und beobachten Sie, in welchem sie am liebsten liegen.

Alles im Blick

Wenn etwas seine Aufmerksamkeit erregt, macht das Kaninchen gern Männchen, damit ihm nichts entgeht. Oder der Kleine verschafft sich einen besseren Überblick auf einem erhöhten Sitzplatz. Auf dem Foto sehen Sie einen Blumenhocker aus Bambus, 33 x 33 cm Fläche, 25 cm hoch. Egal, was Sie Ihren Fellnasen für diesen Zweck anbieten, achten Sie darauf, dass der Aussichtsplatz stabil gebaut ist und keinesfalls umfällt, wenn der Mini raufspringt. Testen Sie die Fitness Ihrer Zwergkaninchen und stellen Sie mehrere unterschiedlich hohe Aussichtsplätze (20 bis 50 cm) in das Zimmergehege.

Tunnel sind interessant

Wohnungskaninchen können nicht wie ihre wilden Vorfahren unterirdische Baue anlegen. Bieten Sie ihnen stattdessen im Auslauf Tunnel und Röhren aus Naturmaterialien an. Manche können Sie zu Tunnelsystemen zusammenstecken, was die Sache noch spannender macht. Von Rascheltunneln aus Nylon rate ich dagegen ab.

Eltern-TIPP

Vorsicht, Rutschgefahr!
Wie das Foto zeigt, fühlt sich der Zwerg auf dem glatten Untergrund sichtlich unwohl. Erklären Sie Ihrem Kind, dass Kaninchen nicht wie Menschen gehen, sondern sich durch den Einsatz ihrer kräftigen Hinterläufe hoppelnd fortbewegen. Damit sie nicht wegrutschen und dabei ihre Bänder und Gelenke überdehnen, sollte man Zwergkaninchen nur auf einem rutschfesten Untergrund laufen lassen (Läufer, Teppichboden, Matten).

Meins oder deins?

Statt sich die Halme aus dem Heuwagen herauszuziehen, ist Julchen gleich mitten hineingesprungen. Wollte sie damit den neuen Futterplatz für sich allein beanspruchen, oder fand sie es darin besonders bequem? Wer besetzt bei Ihnen als Erster das beste Plätzchen? Wird brüderlich geteilt, gemeinsam gekuschelt und gefressen, oder kommt Chef(in) in allem stets zuerst?

Eine Frischluftoase für kleine Fellnasen

Kaninchen genießen den Aufenthalt im Freien. Die Bewegung an der frischen Luft stärkt ihr Immunsystem, und die vielfältigen Eindrücke draußen regen ihre Sinne an.

Um Kaninchen einen Aufenthalt im Freien zu ermöglichen, brauchen Sie nicht unbedingt einen Garten. Als Alternative oder Ergänzung zur Wohnungshaltung können Sie Ihren Fellnasen auch ein Domizil auf dem Balkon einrichten.

LEBEN AUF DEM BALKON

Die Lage: Am besten eignet sich ein Balkon, der nach Osten, Südosten oder Südwesten zeigt. Bei reiner Südlage wird es im Sommer, auch im Schatten, schnell zu heiß. Auf der Wetterseite (Nord, Nordwest) hingegen ist es fast immer zu feucht und viel zu zugig. Auch auf einem Balkon an einer sehr lauten, viel befahrenen Straße fühlen sich die lärmempfindlichen Tiere nicht wohl.
Klimawechsel: Kaninchen, die zuvor ausschließlich in der warmen Wohnung gelebt haben, setzt man anfangs nur tagsüber für 1 bis 2 Stunden nach draußen, damit sie sich langsam an die Außentemperaturen gewöhnen. Beginnen Sie damit im Frühling bei Temperaturen um 20 °C.
Hinweis: Keinesfalls darf man in der kalten Jahreszeit ein Wohnungskaninchen auf dem Balkon mal frische Luft schnuppern lassen. Das Tier würde sich unweigerlich erkälten, denn es hat in der warmen Wohnung kein schützendes Winterfell gebildet. Genauso gesundheitsschädlich ist es, wenn Sie Tiere, die ganzjährig draußen leben, im Winter mal schnell zum Aufwärmen in die Wohnung holen!

TIPP

Abkühlung im Hochsommer
Ab einer Umgebungstemperatur von 28 °C besteht die Gefahr, dass das hitzeempfindliche Kaninchen einen Kreislaufkollaps erleidet. Zur Abhilfe können Sie mehrere Steinplatten oder Fliesen auf den Balkon in den Schatten legen, die Sie zuvor unter kaltem Wasser abgekühlt haben. Oder Sie legen Kühlakkus unter einen umgedrehten Plastik-Blumenuntersetzer mit 40 cm Durchmesser und obendrauf ein Handtuch.

Die Mindestgröße für zwei Zwerge beträgt 6 qm. Gewähren Sie den Tieren in der warmen Jahreszeit durch die offene Balkontür einen freien Zugang zum Zimmergehege. So erweitern Sie den Auslauf, und der Familienanschluss bleibt erhalten.

Sicherheit: Kaninchen schlüpfen durch kleinste Lücken und können auch eine 80 cm hohe Brüstung überspringen! Sichern Sie offene Geländer und Lücken in der Brüstung mit Brettern und Volierendraht ab (19 x 19 mm, verzinkt), der den Nagezähnen standhält. Zusätzlich muss der Balkon auch nach oben abgesichert werden, damit die Tiere nicht herausspringen und keine Raubtiere eindringen können. Ein höher gelegener Balkon kann mit einem dezenten Katzennetz aus Nylon geschützt werden. Bei einem ebenerdigen Balkon können Katzen oder Marder diese Nylonnetze in kürzester Zeit durchbeißen. Hier müssen Stahlgitter oder Volierendraht verwendet werden.

Hinweis: Nicht in jeder Wohnanlage ist eine Balkonvernetzung gestattet. Lassen Sie sich das Vorhaben am besten schriftlich vom Vermieter genehmigen.

Vorsicht, Hitzschlag! Kaninchen vertragen weder pralle Sonne noch allzu große Hitze und brauchen unbedingt luftige Schattenplätze. Abhilfe schafft ein großer Sonnenschirm, eine Markise oder ein Sonnensegel. Berücksichtigen Sie dabei stets den wandernden Sonnenstand (→ auch Tipp, Seite 74)!

Ein Wetterschutz ist immer dann erforderlich, wenn Ihr Balkon nicht durch einen Nachbarbalkon von oben geschützt ist. Dann sollten Sie zumindest den Bereich, wo sich Stall/Schutzhaus und Futterplatz befinden, wetterfest überdachen.

Gesunden Kaninchen macht kurzzeitiger Regen zwar wenig aus, aber ständig im Feuchten zu sitzen, das verträgt auch das robusteste Tier auf Dauer nicht.

Ein Bodenbelag aus Estrich oder Bodenfliesen ist zu rutschig und zu kalt. Sie können im überdachten, wettergeschützten Bereich eine Einfassung bauen, die Sie mit Kleintierstreu einstreuen. Ich empfehle, auf den ursprünglichen Estrich Terrassen-Dielenbretter zu verlegen (→ Foto unten). Auf diesem naturbelassenen Holzboden rutschen die Tiere nicht, er ist pflegeleicht, hält Nässe aus und isoliert gegen Kälte vom Boden her. Auch Hartholzfliesen im Stecksystem haben sich bewährt.

Klein-Balkonien, perfekt eingerichtet für die ganzjährige Außenhaltung.

AUSFLÜGE IN DEN GARTEN

Wenn Wohnungskaninchen zum ersten Mal raus in den Garten dürfen, öffnet sich eine aufregend neue Welt für sie. Auf einer Wiese hoppeln, weiches Gras unter den Pfoten spüren, dem Vogelgezwitscher lauschen, verschiedene Düfte schnuppern und fühlen, wie der Wind durch das Fell streicht. Natur mit allen Sinnen erleben, das lässt Kaninchenherzen höher schlagen.

Mobiles Freigehege

Nicht jeder Vermieter oder, wie in meinem Fall, die Gemeinde genehmigt im Garten den Bau eines fest installierten Außengeheges. Doch auch mit einem versetzbaren Freilaufgehege, kombiniert mit wetterfester Schutzhütte oder einem Stall, können Sie Ihren Zwergen ein Zuhause einrichten. **Ein Standort,** nahe am Haus gelegen, erspart Ihnen bei schlechtem Wetter allzu lange Wege. Auch gute Einsehbarkeit ist wichtig, vor allem wenn die Kaninchen in einem nicht komplett gesicherten Zusatzauslauf unterwegs sind. Beziehen Sie natürliche Schattenspender mit ein wie Bäume, Büsche und Hecken. Ansonsten sorgt ein Sonnenschirm oder Sonnensegel im Sommer für Schatten. Bedenken Sie jedoch, dass die Sonne wandert.
Hinweis: Steht der Auslauf auf der Wiese, ist der Einsatz von Pestiziden oder Herbiziden im Garten absolut tabu. Sie gefährden sonst die Gesundheit Ihrer Lieblinge. Bezüglich **Auslaufgröße** und **Klimawechsel** gelten die gleichen Tipps wie für die Balkonhaltung beschrieben (→ Seite 74).
Sicherheit: Freigehege aus Gitterelementen eignen sich gut für die Wohnung, haben aber im Garten den Nachteil, dass Sie die Zwerge nur unter Aufsicht laufen lassen können. Im Fachhandel gibt es speziell für den Außenbereich Freigehege aus Holz mit Drahtgitter, die auch oben mit einem stabilen Gitterdach abgesichert sind. Doch Vorsicht! Ehe man sichs versieht, haben sich die kleinen Racker unten durchgegraben und sind ausgebüxt! Nach dieser Erfahrung habe ich auf dem Boden punktgeschweißten, verzinkten Volierendraht ausgelegt (16 x 16 mm), der rundum etwa 10 cm über das Gehege hinausragt. Wenn man das Gehege nicht ständig umsetzt, wird der **Grasboden** schnell verunreinigt. Bei mir haben sich die zusammensteckbaren Hartholzfliesen bewährt, die ich über den Volierendraht verlege.
Als Regenschutz können Sie das Gitterdach etwa zur Hälfte mit einer festen Gewebeplane abdecken, damit zumindest die Futterstellen und Ruheplätze trocken bleiben. Beschweren Sie die Plane an allen Seiten mit Steinplatten, sonst fliegt sie beim ersten Sturm davon.
Basics zur Einrichtung: Eine wetterfeste Schutzhütte oder ein Stall, worin alle Kaninchen Platz finden; Buddelkiste, Futter- und Wassernapf sowie Heuraufe im abgedeckten, wettergeschützten Bereich des Geheges; Tunnel und Röhren aus Weide als zusätzlicher Unterschlupf.
Weitere witterungsbeständige Einrichtungsideen: Pflanzringe sind auch im Sommer innen angenehm kühl. Zwei Beeteinfassungen aus Weide, zu einem Zelt zusammengestellt, sorgen für luftige Schattenplätze. Als mein Nachbar sein Stalldach erneuert hat, habe ich mir sechs alte Dachpfannen besorgt und damit im Auslauf ein Miniaturdach gebaut, unter dem meine Zwerge auch bei einem Regen-

Urlaub im Garten: Gesichertes zweistöckiges Stallgehege für die Nacht, kombiniert mit einem Auslauf, in dem sich die Zwerge tagsüber unter Aufsicht frei bewegen können.

schauer geschützt liegen können. Schon seit über 15 Jahren bei mir im Einsatz und unverwüstlich: ein Baumstamm aus dem Wald, der im Kern weich und morsch gewesen ist. Ich habe ihn ausgehöhlt, bis nur noch das gesunde harte Holz übrig blieb und daraus eine Baumhöhle entstand, die alle meine Kaninchen lieben. **Zum Daueraufenthalt im Freien** benötigen die Kaninchen einen gut isolierten Stall, den Sie im Winter mehrere Zentimeter dick mit Weichholzspänen plus einer dicken Lage Stroh einstreuen müssen. Einfache Schutzhäuschen oder nicht wärmegedämmte Ställe bieten den Zwergen in der kalten Jahreszeit keinen ausreichenden Schutz.

Weitere Informationen zu diesem komplexen Thema finden Sie über die Service-Seiten (→ Literatur, Seite 142).

GRÜN
IST
TRUMPF

Kaninchen dürfen nicht hungern. Um gesund und munter
zu bleiben, benötigen sie eine abwechslungsreiche Kost aus
Grünfutter, Zweigen zum Knabbern und reichlich Heu. Auf den
folgenden Seiten erfahren Sie, wie Sie Ihre Zwerge am besten
füttern und was die kleinen Fellnasen gern mögen.

Das Verdauungssystem der Kaninchen verstehen

Wollen Sie Ihre kleinen Lieblinge gesund ernähren, dann ist es hilfreich, wenn Sie wissen, wie ihr Organismus die Nahrung verarbeitet – getreu dem Motto: »gesunder Darm, gesundes Kaninchen«.

Die ursprüngliche Heimat der Wildkaninchen ist Südwesteuropa. Außer im Frühling, wenn grüne Wiesen voller Blumen die Landschaft bedecken, überwiegt dort eine eher trockene und karge Vegetation. Will das Wildkaninchen dort überleben, muss es in der Lage sein, aus dem kalorienarmen Nahrungsangebot sprichwörtlich »das Beste herauszuholen«. Auch das Verdauungssystem unserer Zwergkaninchen ist auf eine eher nährstoffarme und rohfaserreiche Pflanzenkost eingestellt.

WIE DIE NAHRUNG VERARBEITET WIRD

Das Gebiss des Kaninchens ist Schneide- und Mahlwerk zugleich. Erst beißt und nagt der Zwerg mit seinen scharfen vorderen Schneidezähnen (→ Seite 103) mundgerechte Teile der Nahrung ab. Danach wird das Futter zwischen den Backenzähnen intensiv zermahlen und im Maul eingespeichelt. Um die Kauarbeit der kleinen Dauerfresser leisten zu können, wachsen die Zähne ständig nach, und zwar etwa 15 cm pro Jahr. Damit Ihre Zwerge die Zähne ausreichend abnutzen können,

benötigen sie ein Futter mit hohem Rohfaseranteil: hauptsächlich Heu, Grünfutter und ab und zu Zweige zum Knabbern. **Hinweis:** Körnerfutter oder Pellets können Kaninchen nicht ausreichend zermahlen. Auch macht dieses Powerfutter zu schnell satt, wobei die wichtige ausgiebige Kautätigkeit ins Hintertreffen gelangt.

Kaninchen können nicht erbrechen! Sobald die Nahrung im Magen ist, verhindert ein kräftiger Schließmechanismus der Speiseröhre das Aufsteigen des Breies. Kommt es zu einer Magenüberladung oder Aufgasung durch verdorbenes Futter, kann sich ein Kaninchen folglich nicht durch Erbrechen Erleichterung verschaffen. Umso bedeutsamer ist eine artgerechte Fütterung, damit gefährliche gesundheitliche Folgen vermieden werden!

Der Magen ist nur schwach bemuskelt und kann den Nahrungsbrei erst weitertransportieren, wenn Futter von oben nachgeschoben wird (sogenannter Stopfmagen). Als Dauerfresser sind die Tiere darauf angewiesen, beständig kleine Portionen zu sich zu nehmen, damit der Weitertransport in den Dünndarm reibungslos funktioniert und die Darm-

Auch wenn Kaninchen gern eine Karotte fressen, wird zuerst am Grün geknabbert.

Heu ist Grundnahrungsmittel und wichtiges Raufutter zur Darmregulierung.

bewegungen (Peristaltik) aufrechterhalten werden. Aus diesem Grund dürfen Sie Ihre kleinen Fellnasen nie hungern lassen, auch dann nicht, wenn ein Pummelchen abnehmen soll! Stellen Sie Ihren Tieren rund um die Uhr ausreichend Heu zur Verfügung, damit sie stets davon fressen können. Als rohfaserhaltiges Raufutter sorgt Heu für einen gesunden Zahnabrieb, dient der Beschäftigung und hält die Verdauung in Schwung. Auch Stroh wird gern gefressen und kann den Kaninchen zu diesem Zweck neben den Hauptmahlzeiten zusätzlich angeboten werden.

Der Darm besteht aus Dünn-, Dick- und Blinddarm. Ein hochsensibles Verdauungssystem, in dem Nährstoffe aufgeschlüsselt und umgewandelt werden, bis sie vom Blut aufgenommen werden können. Als Besonderheit besitzt das Kaninchen einen großen Blinddarm, der fast ein Drittel des Bauchraums ausfüllt. In dieser

Gärkammer werden Rohfasern durch eine ausgeklügelte Mikroflora unterschiedlichster Bakterien speziell aufgeschlossen. Am Ende dieses Prozesses scheidet das Kaninchen den sogenannten **Blinddarmkot** aus. Dieser feucht glänzende, sehr dunkle und traubenförmige Weichkot ist reich an hochwertigen Proteinen, lebenswichtigen Vitaminen, speziell des Vitamin-B-Komplexes, Vitamin K und anderen Nährstoffen. Das Kaninchen nimmt diese »Vitaminpillen« zumeist direkt vom After weg wieder auf. Eine tolle Einrichtung der Natur, die es dem Tier erst ermöglicht, auch nährstoffarmes Futter bestmöglich zu verwerten. Und weil sein gesamtes Verdauungssystem darauf ausgerichtet ist, benötigt auch das Zwergkaninchen eine gesunde Kost mit hohem Rohfaser- und geringem Fettgehalt. Und dies sind in erster Linie Heu, Gräser und Kräuter, Saftfutter und Zweige.

Gesund ernährt mit Heu, Grün- und Saftfutter

Dies sind die drei wichtigen Grundbausteine, mit denen Sie
Ihre Fellnasen auf natürliche Art und Weise ernähren. Getreu dem
Ausspruch: »Das Kaninchen ist, was es isst!«

Verlassen Sie sich nicht darauf, dass Ihre Zwerge instinktiv nur das fressen, was gesund für sie ist. So wie Kinder am liebsten Pizza, Pommes frites, Schokolade und Eis essen, haben auch Kaninchen durchaus eine Vorliebe für fette und süße Futtermittel. Leider, denn diese Tatsache wird gern von der Futtermittelindustrie ausgenutzt, um ihre Snacks und Futtermischungen besser verkaufen zu können. Es liegt in Ihrer Verantwortung, was und wie Sie Ihre Lieblinge ernähren. Denn nur mit gesundem Futter bleiben die Tiere fit, und Sie ersparen sich so manchen Tierarztbesuch.

TIPP

Trinkwasserqualität
Ist Ihr Leitungswasser stark gechlort oder mit einem hohen Nitratgehalt belastet, ist es gesünder, wenn Sie Ihren Kaninchen stattdessen stilles Mineralwasser zum Trinken anbieten. Auskunft erteilt Ihnen Ihr zuständiges Wasserwirtschaftsamt.

WARUM IST HEU SO WICHTIG?

Hochwertiges Heu ist das Brot aller Kaninchen und muss ihnen immer in ausreichender Menge zur Verfügung stehen.

- Durch den hohen Rohfaseranteil von etwa 25 Prozent wird der Nahrungsbrei vom Stopfmagen zügig durch den Darm weitertransportiert (→ Seite 80f.). Zudem balanciert Heu den Gärungsprozess aus und sorgt für einen basischen Darm-pH-Wert (pH 8–9), der wichtig ist für eine gesunde Darmflora.
- Das Raufutter wirkt vorbeugend gegen gefährliche Haarverklumpungen im Verdauungstrakt. Besonders gefährdet sind hier Langhaar-Zwerge, wenn sie beim Fellputzen große Mengen loser Haare verschlucken.
- Beim intensiven Zerkauen der Heuhalme werden die stets nachwachsenden Zähne der Kaninchen auf natürliche Weise abgenutzt.
- Heu macht nicht dick. Es ist eine ideale Diätkost bei Übergewicht und Magen-Darm-Problemen.
- Wenn's mal langweilig wird, sorgt Heu für eine gesunde Knabberbeschäftigung.

Kaninchen trinken am liebsten aus einem Wassernapf oder wie Ronja aus dem Brunnen.

Woran Sie gutes Heu erkennen

Es enthält möglichst unterschiedliche Gräser, Blüten und Kräuter und verströmt einen aromatischen Duft. Hochwertiges Heu hat eine grünliche Farbe und sollte sich eher rau und nicht zu weich anfühlen. **Ungeeignet:** Staubiges und gelblich graues Heu ist meist alt und minderwertig. Finger weg auch von Heu, das noch feucht ist oder gar schimmelt. Das kann schlimmste Koliken verursachen!
Kaufempfehlung: Wiesenheu aus biologischem Anbau (Zoofachhandel). Halten Sie wie ich mehrere Kaninchen, lohnt es sich, Heu (und Stroh) als Ballen direkt beim Biobauern zu besorgen oder bei einem Landwirt, dessen Heu von naturbelassenen Wiesen stammt.

Rund ums Trinken

Frisches, sauberes Trinkwasser brauchen Kaninchen immer zur freien Verfügung. Auch wenn der Durst abhängig von der Witterung und Fütterungsweise ist, hat noch kein Kaninchen »einen über den Durst« getrunken. Aber schon so manche kleine Fellnase hat Durst gelitten, vor allem, wenn ihr in der heißen Jahreszeit nicht ausreichend frisches Wasser angeboten wurde. Leitungswasser ist in der Regel völlig ausreichend, da es bei uns meist von guter Trinkqualität ist (Ausnahmen: → Tipp, Seite 82).
Alle wichtigen Informationen, wie Sie den Zwergen das Wasser am besten anbieten, ob im Napf oder in der Nippeltränke, finden Sie auf Seite 65 ausführlich erklärt.

Futter für die kalte Jahreszeit

Fenchel
Sehr vitaminreich, hilft bei Verdauungsbeschwerden

Karotten mit Grün
Kann beides verfüttert werden

Karotten-Chips
Nur zwischendurch als Leckerlis

Gurke
Durstlöschend, da hoher Wassergehalt, kalorienarm

Staudensellerie
Vitaminreiches, kalorienarmes Saftfutter

Brokkoli
Reich an Vitamin C und A, immunstärkend

Feldsalat
Gesünder als Kopfsalat, wird gern gefressen

Hainbuchenzweige und -laub
Gesundes Raufutter, Knabberbeschäftigung

Wirsing
Hoher Proteingehalt;
allmählich daran
gewöhnen

Apfel
1 Viertel,
Kerne
entfernen

**Pastinake (links), Peter-
silienwurzel (rechts)**
Beide hochwertiges Winter-
futter,
sorgen für
gesunde
Verdauung

**Apfelringe,
getrocknet**
Leckerlis für
zwischendurch

Blattpetersilie
Enthält viel Vitamin C,
appetitanregend, entzündungshemmend, als Leckerbissen in Maßen

Getrocknete Blüten
Ins Heu untermischen,
mit Kornblumen
entzündungshemmend

Maiskolben
Sehr kalorienreich,
eher für Kaninchen
in Außenhaltung

Haselnusszweige
Gesunde Knabberkost,
Knospen besonders gehaltvoll

Zwergwidderchen Buddha weiß, wie es an den Schilfhalm kommt: hochstrecken, runterziehen, reinbeißen.

FRISCHES GRÜNFUTTER AUS DER NATUR

Würde man seine kleinen Fellnasen fragen: »Wovon träumt ihr am liebsten?«, würden sie vermutlich antworten: »Von einer Wiese voller wunderbarer Gräser, Kräuter und Blumen, wo wir herumhoppeln und nach Herzenslust mal hier, mal dort davon kosten können.« Erfüllen Sie Kaninchens Traum, denn frisches Wiesengrün kommt wie kein anderes Futter der natürlichen Ernährungsweise am nächsten und wird von allen Kaninchen am liebsten

gefressen. Sobald draußen die ersten grünen Hälmchen auf den Wiesen sprießen, reduziere ich die winterliche Fütterung mit Gemüse und Obst. Zweimal täglich wird nun bis in den Herbst hinein auf den umliegenden Wiesen gepflückt, was die Natur an Leckerem bietet: Gräser, Blumen, Wildpflanzen und Kräuter. **Doch Vorsicht!** Vor allem Jungtiere und alle Kaninchen, die zuvor kein Grün- und Saftfutter erhalten haben, müssen ganz behutsam und langsam – Blatt für Blatt – an das frische Grün gewöhnt werden. Eine rapide Futterumstellung ist Gift für Kaninchen und würde gefährliche Magen-Darm-Probleme verursachen.

Futter selbst sammeln

Hundehalter gehen mit ihrem Vierbeiner Gassi. Warum machen nicht auch Sie einen Spaziergang an der frischen Luft, um für Ihre Lieblinge Grünfutter zu pflücken? Das tut Ihrer Gesundheit gut, und Pflanzen aus der Natur (→ App »Futterpflanzen«) gibt es im Gegensatz zum Gemüse aus dem Supermarkt kostenlos. Sind Sie kein kundiger Botaniker, stecken Sie sich einen Naturführer ein, damit Sie die Pflanzen besser bestimmen können.

Geeignete Sammelplätze

Alle naturbelassenen Wiesen, vor allem Magerwiesen, sind reich an Wildkräutern, Blumen und unterschiedlichen Gräsern. Wer sich auf die Suche begibt, findet sie in Landschaftsschutzgebieten, Naturparks, beim Biobauern, auf Streuobstwiesen, an Waldrändern und Bächen, Flussufern und auch in Städten und Gemeinden, wo sie als Ökowiesen und Biotope angelegt wurden (→ Tipp, Seite 87).

TIPP

Unterwegs in der Stadt
Ich habe selbst lange Zeit in der Stadt gelebt und weiß, dass es nicht einfach ist, dort noch geeignete Sammelplätze zu entdecken. Hier meine Empfehlungen: Alte Friedhöfe, umzäunte Spielplätze, unbebaute, verwilderte Grundstücke, Brachflächen an Bahndämmen, Grünanlagen, Parks (nur wo Hundeverbot oder zumindest Leinenpflicht herrscht).

Hier kein Grünfutter pflücken!

An Straßenrändern (Belastung durch Abgase); auf Wiesen, wo Hunde ausgeführt werden (Krankheitsgefährdung durch Keime im Kot und Urin); am Rand von Ackerflächen (Belastung mit Herbiziden und Pestiziden).

AUSGEWOGEN UND GUT GEMISCHT

Schaut man Wildkaninchen beim Äsen zu, dann mümmeln sie hier ein wenig und dort ein wenig. Sie fressen nie ausschließlich eine einzige Futterpflanze. Was den Wildkaninchen guttut, wird auch meinen kleinen und großen Fellnasen guttun, dachte ich mir. Und so habe ich mir dieses natürliche Fressverhalten schon vor langer Zeit zum Vorbild genommen und verfüttere meinen Kaninchen nicht nur das gesammelte Wiesengrün, sondern auch jegliches Grün- und Saftfutter nach Mög-

lichkeit nur noch gut durchgemischt. Meine Praxiserfahrung hat gezeigt, dass diese Fütterungsweise den Tieren besser bekommt. Als Faustregel können Sie sich merken: Fünf unterschiedliche Futtersorten in kleinen Mengen auf dem Speiseplan sind besser verträglich als nur eine einzige, und die in großer Menge. Denn einseitige Kost kann auf Dauer Mangelerscheinungen hervorrufen und zu Verdauungsproblemen führen.

WICHTIGE FÜTTERUNGSREGELN

- **Heu und frisches Trinkwasser** müssen den Kaninchen immer in ausreichendem Maß zur Verfügung stehen.
- **Gemüse und Obst** gründlich abwaschen und abtrocknen. Nicht schälen, sonst gehen wichtige Nährstoffe verloren.
- **Grün- und Saftfutter** nur frisch anbieten. Reste vor der nächsten Mahlzeit entfernen.
- **Nasses Wiesengrün** (Regen/Tau) vorher in einem Handtuch trocken schwenken. Nicht aufgehäuft, sondern besser auf dem Boden verteilt anbieten, damit es nicht zu gären anfängt.
- **Regelmäßig füttern,** am besten morgens und am frühen Abend.
- **Bioware** enthält weniger bis gar keine Rückstände von Pestiziden und Herbiziden und ist gesünder.
- **Nicht verfüttern:** Alles, was gefroren, gekocht, welk, faulig, angeschimmelt oder mit Schadstoffen belastet ist. Vorsicht bei Pflanzen, die Sie nicht kennen (→ Internetadressen zu Giftpflanzen, Seite 142)!
- **Keine abrupte Futterumstellung** vornehmen (→ Seite 86)!

Haselnusszweige samt Blättern sind ein gesundes Raufutter und werden gerne gefressen.

Erst die Löwenzahnblüte oder erst die -blätter? Das Zwergwidderchen hat seine Wahl getroffen.

ZWEI FUTTERPLÄNE

Da ich häufig gefragt werde, wie viel denn ein Zwergkaninchen am Tag fressen darf, stelle ich Ihnen nachfolgend zwei Futterpläne für eine naturgemäße Ernährung vor. Es sind nur Beispiele, aber hilfreich, wenn Sie sich bezüglich der Mengen noch unsicher sind. Die Angaben gelten jeweils für einen ausgewachsenen Zwerg von 1,35–2 kg, der als Heimtier gehalten wird und ausreichend Bewegung bekommt. Kaninchen in ganzjähriger Außenhaltung haben im Winter einen erhöhten Energiebedarf, ebenso ein säugendes Muttertier.

Futterplan für Frühling bis Herbst

Morgens Heu (mindestens vier Hände voll), dazu zwei Handvoll (etwa 150 g) frisches Grünfutter (Gräser, Blumen, Kräuter von naturbelassenen Wiesen, → Tabelle, Seite 89).

Abends die gleiche Menge nochmals.
Etwa zweimal pro Woche Zweige unterschiedlicher Baumarten, je nach Jahreszeit mit Knospen/Blüten/Blättern als zusätzliche gesunde Knabberkost. Hängen Sie die Zweige erhöht ans Gitter, damit sich die Tiere ihr Futter erarbeiten müssen. Das beschäftigt sie länger und hält fit.
Zweige mit saftigem grünem Laub verfüttere ich meinen Zwergen gelegentlich auch anstelle des morgendlichen Wiesengrüns. Ich schneide die Zweige im Sommer nur in der Früh, wenn die Blätter noch frisch sind. Pro Zwerg füttere ich zwei Zweige (etwa armlang). Am liebsten mögen meine kleinen Fellnasen Haselnusszweige, die samt Rinde vollständig aufgefuttert werden.
Hinweis: Achten Sie besonders in der warmen Jahreszeit darauf, dass immer ausreichend frisches Trinkwasser zur Verfügung steht.

EMPFEHLENSWERTES GRÜN- UND SAFTFUTTER

Nachfolgend erhalten Sie einen kleinen Überblick über unterschiedliche Sorten an Frischfutter in alphabetischer Reihenfolge.

FUTTERPFLANZEN ZUM SAMMELN

Wildpflanzen und Heilkräuter	Alle Gräser, Ackerwinde, Baldrian, Beifuß, Beinwell, Gänseblümchen, Gänsefingerkraut, Gänsefuß, Giersch, Huflattich, Johanniskraut, Kamille, Klee, Kornblume, Löwenzahn, Luzerne, Melde, Ringelblume (Calendula), Schafgarbe, Sternmiere, Vogelmiere, Vogelknöterich, Walderdbeere, Wegerich (Spitz- und Breitwegerich), Wegwarte, Wiesensalbei, Wilde Malve
Knabberkost	Zweige/Knospen/Blätter ◆ Reichlich von Apfel, Birne, Hainbuche, Haselnuss, Heidelbeere, Johannisbeere; Himbeere und Brombeere (nur die Sorten ohne Dornen!) ◆ Nur in kleinen Mengen von Ahorn, Birke, Erle, Linde, Pappel, Weide, Steinobst wie Mirabelle, Zwetsche (Blausäure ist nur in den Früchten/Kernen enthalten)

AUS KÜCHE UND GARTEN

Gemüse	◆ Brokkoli, Fenchel, Gurke, Karotte mit Grün, Paprika (ohne Strunk und Kerngehäuse), Pastinake, Petersilienwurzel, Rübstiel, Salate (Eisberg, Endivie, Feldsalat, Radicchio), Speisekürbis (ohne Schale/Kerne), Stauden- und Knollensellerie, Steck- und Futterrübe, Zucchini; Sonnenblumen und Topinambur als wertvolle Futterpflanzen, → auch App ◆ Erst langsam anfüttern: Blumenkohl, Chinakohl, Grünkohl, Kohlrabi, Spitz-, Weißkohl, Wirsing
Gewürzkräuter	Basilikum, Dill, Kerbel, Liebstöckel, Petersilie
Obst	Apfel, Birne, Erdbeere, Himbeere (als Leckerbissen zwischendurch)

FÜR KANINCHEN GIFTIG

Büsche/Bäume	Buchsbaum, Eibe, Eiche, Forsythie, Ginster, Goldregen, Holunder, Kirschlorbeer, Kastanie, Thuja
Gemüse	Avocado, rohe Bohnen, rohe Kartoffeln, Kartoffelkraut, grüne Tomaten, Tomatenblätter, Zwiebeln

Weitere Giftpflanzen: → Internetadressen, Seite 142

Das junge Zwergwidderchen bekommt ein spezielles Natur-Struktur-Müsli.

Futterplan für die kalte Jahreszeit

Frisches Heu und Trinkwasser müssen immer ausreichend zur Verfügung stehen.
Morgens 1 Viertel Apfel, 1 Karotte, 3 Stängel Blattpetersilie, 2 Stück Gurke (daumendick), eine halbe Fenchelknolle, dazu 1 große Handvoll Feldsalat
Abends 1 Stange Staudensellerie, möglichst mit Grün, 2 Brokkoliröschen, 1 kleine Petersilienwurzel, 1 Wirsingblatt, 3 Stängel Dill (stärkt das Immunsystem)
Zweimal pro Woche Zweige zum Knabbern – entweder noch mit trockenem Laub (etwa Hainbuche) oder mit ersten Knospen, die sehr gern gefressen werden und wertvolle Nährstoffe enthalten. **Vorsicht:** Bei Frost die Zweige erst abtauen lassen.

TROCKENFERTIGFUTTER, JA ODER NEIN?

Es ist jederzeit erhältlich, lange haltbar und praktisch in der Anwendung. Ein Vorteil, den vor allem berufstätige Halter, aber auch viele Züchter schätzen. Doch wird eine Ernährung mit Trockenfertigfutter den Bedürfnissen unserer Kaninchen gerecht? Als Alleinfutter kann ich es nicht empfehlen, weil auch ein hochwertiges Produkt nie die abwechslungsreiche naturgemäße Frischpflanzenkost ersetzen kann. Wenn Sie Ihre Zwerge nach meinen Empfehlungen ernähren, brauchen Sie kein Fertigfutter. Nur meine Jüngsten erhielten eine Zeit lang zusätzlich ein spezielles Futter als Aufzuchtfutter (→ Foto links).

Beim Futterkauf beachten

Wenn Sie dennoch Trockenfutter verwenden wollen, lassen Sie sich nicht von einer hübschen Verpackung mit glücklichen Kaninchen auf einer grünen Wiese verführen. Das Bild bedeutet noch lange nicht, dass das Futter aus hochwertigen Gräsern und Pflanzen besteht. Noch ein Beispiel: Auf der Verpackung wird ein gesundes Futter angepriesen mit extravielen Kräutern. In der Zusammensetzung tauchen diese aber nicht mehr auf, sondern nur **Pflanzliche Nebenerzeugnisse**. Erlaubt sind hier viele pflanzliche Abfallprodukte wie Pressrückstände aus der Ölgewinnung von Mais und Soja, Erdnussschalen, Stroh, Maiskleber aus der Brauerei, Rübenschnitzel und Zellulose aus Holzabfällen und Baumwolle. Eins konnte ich bei meinen Recherchen und Testkäufen feststellen: Je präziser und verständlicher ein Hersteller seine Inhaltsstoffe und Zutaten angibt, desto weniger hat er zu verbergen. Laut Futtermittelgesetz vorgeschrieben sind:

Zusammensetzung: Hier müssen alle Futterbestandteile einzeln aufgeführt werden. Entweder in Prozentangaben oder nach Mengenanteil von oben (viel) nach unten (wenig). Steht also Getreide an erster Stelle, so ist dessen Anteil im Futter am höchsten.

Analyse der Bestandteile: Für Zwergkaninchen in der Heimtierhaltung achten Sie beim Trockenfertigfutter auf

- Rohfasergehalt: mindestens 16 %
- Fettgehalt (Rohöle, Rohfette): 2–3 %
- Rohprotein (Eiweißgehalt): etwa 13 %
- ausgewogenes Verhältnis von Kalzium zu Phosphor: 0,6 : 0,4. Anders als beim Frischfutter kann ein hoher Kalziumgehalt (ab 0,9 %) im Trockenfutter auf Dauer Harnwegserkrankungen auslösen.

Pellets oder Mischfutter?

Pellets können etliche gesundheitliche Probleme verursachen: Das Kaninchen kann die harten Brocken nicht ausrei-

TIPP

Kräuter selbst trocknen
Am gehaltvollsten sind sie vor der Blüte. Mit Stängel abschneiden und zu kleinen Sträußen zusammenbinden. An einer Leine kopfüber an einem warmen, luftigen, schattigen Ort etwa 4 Tage lang trocknen lassen. Wenn die Kräuter beim Berühren knistern und leicht zerfallen, sind sie fertig.

chend zwischen den Backenzähnen zermahlen, was zu mangelndem Zahnabrieb führt. Stücke, die sich im Maul zwischen den Zähnen festsetzen, verursachen schmerzhafte Entzündungen. Und die trockenen Pellets quellen im Magen stark auf, was zu Verdauungsproblemen führt. Besser, Sie wählen ein gut strukturiertes Mischfutter, das aus Kräutern, Blättern, Blüten, Gemüse und Obst besteht.

GESUNDE LECKERBISSEN

Die kleinen Feinschmecker lassen sich gern mal verwöhnen oder lernen kleine Übungen und Intelligenzspiele noch besser, wenn sie mit etwas Besonderem belohnt werden. Trotzdem sollten Sie auch die gesunden Leckerbissen nur ab und zu in kleinen Mengen verfüttern.

Obst und Beeren

Heimische Früchte als Leckerbissen zwischendurch, wie ein kleines Stück Apfel, eine Birnenspalte oder im Sommer zwei Him- oder Erdbeeren, entsprechen noch am ehesten einer naturgemäßen Kaninchenkost. Häufig werden auch exotische Früchte empfohlen wie Banane, Ananas, Mango, Kiwi oder Mandarine. Wer mag, kann es gern ausprobieren, aber ich füttere meine Kaninchen nicht damit.

Kräuter: frisch oder getrocknet?

Am gesündesten sind sie natürlich frisch. Während man Küchenkräuter fast ganzjährig frisch kaufen kann, wachsen Wild- und Heilkräuter nur zu bestimmten Jahreszeiten. Hier hilft es, die Kräuter zu trocknen (→ Tipp links), um sie auch im Winter zur Verfügung zu haben.

Auf Entdeckertour: Rund um die Ernährung

Getrocknete Apfelringe

Ein gesundes Leckerli für zwischendurch als Belohnung. So trocknen Sie Apfelringe: Apfel waschen, abtrocknen, das Kerngehäuse ausstechen. Apfel schälen und in etwa 4 mm dicke Scheiben schneiden. Den Backofen auf 50 °C Umluft einstellen. Backpapier auf das Backblech, die Apfelringe ca. 4–5 Stunden im Ofen trocknen lassen. Ab und zu wenden. Damit der Dampf abziehen kann, bleibt die Ofentür einen Spalt offen. Wenn beim Zusammendrücken kein Saft mehr austritt, sind die Apfelringe fertig.

Eine köstliche Mahlzeit

Besonders wenn draußen kein Grün mehr wächst, benötigen die Zwerge vitaminreiche Frischkost. Probieren Sie dann diese Mischung aus sechs Zutaten in jeweils kleiner Menge: Blattpetersilie, Karotte, Fenchel, Feldsalat, Apfel und Gurke. Beobachten Sie, wie sich Ihre Zwerge beim Fressen verhalten. Hat jeder ein bestimmtes Lieblingsfutter, das er stets zuerst knabbert, oder wechselt das? Werden die Köstlichkeiten friedlich geteilt, oder versucht ein Zwerg dem anderen das Futter zu klauen? Ganz gewiefte schnappen sich ein Stück und hoppeln damit davon, um es in aller Ruhe allein auffressen zu können.

Heu ist nicht gleich Heu

Heu sollte etwa 70 Prozent der Nahrung ausmachen. Doch Kaninchen wissen sehr wohl zu unterscheiden und lassen minderwertige Ware gern links liegen. Probieren Sie verschiedene hochwertige Sorten aus, mischen Sie ab und zu getrocknete Blüten unter. Vielleicht können Sie dann auch Ihre Fellnasen davon begeistern.

Eltern-TIPP

Gesunde Leckereien

Jedes Kind möchte seine kleinen Lieblinge ab und zu mit Leckereien verwöhnen. Doch nicht alles, was es zu kaufen gibt, ist auch gesund. Suchen Sie die Snacks gemeinsam aus, achten Sie genau auf die Inhaltsstoffe und erklären Ihrem Kind, dass Produkte aus Getreide, Nüssen und Zucker keine gesunde Belohnung für Kaninchen sind. Lieber wie hier ein Herz und Würfel aus getrockneten Blüten oder Früchten (→ Anhang, Seite 141).

Trinkverhalten testen

Warum Kaninchen am liebsten aus einem Wassernapf trinken, habe ich auf Seite 65 ausführlich erklärt. Aber testen Sie selbst, wenn Sie bisher ausschließlich eine Nippeltränke verwendet haben, und bieten Ihren Zwergen alternativ dazu das Wasser in einem Steingutnapf an. Bleiben Ihre Kaninchen bei ihrem bisherigen Trinkverhalten? Oder bevorzugen sie nun das neue Angebot? Woraus trinken sie leichter und schneller?

Weitere Empfehlungen für die Ernährung

Regelmäßig auf das Gewicht der Kaninchen zu achten ist ebenso wichtig wie ein gesundes Futter. Und zuletzt ist es hilfreich, wenn man weiß, wie Probleme beim Füttern gelöst werden können.

Falsche Ernährung und Bewegungsmangel führen wie bei uns auch bei Kaninchen zu Übergewicht. Doch woran erkennt man, dass ein Zwergkaninchen zu dick ist?

WENN AUS HOPPEL EIN MOPPEL WIRD

Körperkontrolle: Tasten Sie Ihren Zwerg ab. Nun, wie fühlt er sich an? Rund und fest bemuskelt? Oder können Sie bei Ihrer kleinen Fellnase keine Rippen mehr spüren, stattdessen Fettröllchen? Hat der Kleine vielleicht schon eine unschöne Fettwamme unter dem Kinn? Oder ist sein Bauch so dick, dass er sich am Hinterteil gar nicht mehr putzen kann, weil ihm dabei der Bauch im Weg ist? Dann wird es allerhöchste Zeit zum Abspecken!

Wiegen: Wem diese Methode zu unsicher ist, kann sein Zwergkaninchen auch wiegen. Das geht am besten auf einer Küchenwaage, die Sie dazu auf den Boden stellen. Ein ausgewachsener Rassezwerg wiegt zwischen 1,0 bis 1,5 kg. Ein deutscher Zwergwidder kann bis zu 2,0 kg wiegen, die NHD-Widderchen entsprechend weniger (→ Seite 30). Alle Zwergmischlinge können – müssen aber nicht – mehr wiegen. Haben beide Kontrollen ergeben, dass Ihr kleiner Liebling eindeutig zu dick ist, dann sollten Sie gegensteuern. Denn Übergewicht ist nicht nur unschön, sondern verkürzt auch die Lebenserwartung Ihres Zwergs.

WICHTIG

Gewichtsverlust
Gewichtsschwankungen um 50 g pro Woche liegen noch im grünen Bereich. Nimmt Ihr Zwerg aber trotz ausreichender Fütterung kontinuierlich ab, dann können Krankheiten (Zahnprobleme), ein Parasitenbefall, aber auch großer Stress die Ursache sein. Wiegen Sie das Tier ab sofort täglich. Verliert es weiter an Gewicht, 50 g innerhalb von 2 Tagen, dann ist es höchste Zeit, den Tierarzt aufzusuchen.

Abspecken durch Ernährungsumstellung: Auf keinen Fall dürfen Sie Ihr Kaninchen jetzt hungern lassen (→ Stopfmagen, Seite 80)! Auch bitte keine abrupte Futterumstellung vornehmen! Dafür ab sofort und am besten für immer vom Speiseplan streichen: alle Leckereien mit Inhaltsstoffen wie Getreide, Mais, Nüsse, Sonnenblumenkerne, Zucker und Melasse. Die machen nicht nur dick, sondern verursachen auch Verdauungsprobleme. Falls Sie noch Trockenfutter füttern, langsam reduzieren und Ihr Zwergkaninchen auf frisches Grün- und Saftfutter umstellen. Ausreichend Heu nicht vergessen!

Mehr Gesellschaft: Ein einzeln gehaltenes Zwergkaninchen liegt oft nur aus Langweile einfach faul herum. Ein Artgenosse wirkt in diesem Fall manchmal Wunder. Die Vergesellschaftung sollten Sie aber behutsam vornehmen (→ Seite 54).

Bewegung und Beschäftigung: Animieren Sie Ihre Tiere, sich mehr zu bewegen, denn dann schmelzen die Fettpölsterchen. Anregungen dazu finden Sie ab Seite 124.

Eine frische Hopfenranke ist ein besonders schmackhafter Leckerbissen – und dazu auch noch gesund.

VOM HEUMUFFEL ZUM HEUFREAK

Wenn der Zwerg als erste Mahlzeit kalorienreiches Trockenfutter erhält, fühlt er sich schnell satt und frisst dann manchmal gar kein Heu mehr. Dies benötigt das Kaninchen aber für eine gesunde Verdauung. In diesem Fall sollten Sie Ihr Kaninchen Schritt für Schritt an frisches Grün- und Saftfutter gewöhnen.

Ernähren Sie Ihre Fellnasen aber schon naturnah und gesund, dann verschieben Sie die morgendliche Frischkost um ein bis zwei Stunden nach hinten. Stattdessen bekommen die Zwerge in der Früh als Erstes nur eine Extraration besonders leckeres Heu (Bergwiesen-/Bioheu). Mischen Sie noch getrocknete Kräuter und Blüten darunter, um dass Heu schmackhafter zu machen.

Allerdings ist es nicht besorgniserregend, wenn die Kaninchen weniger Heu fressen, solange sie viel frisches Grünfutter bekommen. Als ihr natürliches Futter bevorzugen die kleinen Feinschmecker die Frischkost, die reicher an wertvollen Vitaminen und Nährstoffen ist.

PFLANZEN ALS HEILMITTEL

Die folgenden Pflanzen helfen speziell bei Ernährungs- und Verdauungsproblemen. Sie sind eine natürliche, sanfte Methode, die beim Auftreten leichterer Beschwerden oder auch vorbeugend frisch unter das Futter gemischt werden können. Sie ersetzen jedoch nicht den Gang zum Tierarzt!

Brennnesseln (nur getrocknet verfüttern, vor der Blüte schneiden) regen den Stoffwechsel und den Appetit an. Sie wirken zudem blutreinigend.

Brombeerblätter helfen bei Durchfall.

Dill fressen Kaninchen gern, er wirkt appetitanregend, verdauungsfördernd, krampflösend, dazu immunstärkend.

Echte Kamille unterstützt die Verdauung und hemmt Entzündungsgeschehen. Nicht bei Augenentzündungen einsetzen!

Fenchel (Pflanze und Knolle) wirkt entkrampfend bei Blähungen.

Gänseblümchen regt Appetit und Stoffwechsel an und wirkt krampflösend.

Giersch ist entkrampfend, verdauungsfördernd, entgiftend, entzündungshemmend.

Haselnussblätter, frisch und getrocknet, entschlacken, regen den Stoffwechsel an.

Melisse (Zitronenmelisse) ist schmerz- und krampflösend, fördert die Verdauung, hemmt Bakterien- und Pilzbildung.

Oregano wirkt appetitanregend, verdauungsfördernd, dient als natürliches Antibiotikum in der Tierhaltung.

Petersilie ist oft das Erste, was meine Zwerge nach einer Operation oder Krankheit fressen – am liebsten Blattpetersilie, nur frisch, in kleinen Mengen. Wirkt appetitanregend, krampflösend, harntreibend.

Schafgarbe wirkt entkrampfend bei Verdauungsstörungen, durchfallhemmend.

Ich pflücke sie bei meinem Wiesenmix stets mit, eine sehr gesunde Pflanze, die Kaninchen auch gern fressen (→ App).

Topinambur (ganze Pflanze), eine alte Kaninchenfutterpflanze, ist ein gesundes Raufutter mit prebiotischen Eigenschaften, das heißt Nahrungsgrundlage für verschiedene gesunde Darmbakterien (→ App).

Wermut, eine Bitterstoffpflanze, regt den Appetit an, wirkt außerdem verdauungsfördernd und krampflösend.

FUTTERNEID

Manch frecher Racker hat seinen Spaß daran, dem Artgenossen das Apfelstück, in das dieser gerade reinbeißen wollte, vor der Nase wegzuklauen. Hoppelt der Dieb mit seinem Leckerbissen davon, kann es passieren, dass der Beklaute hinterherjagt, um ihm das Apfelstück wieder wegzunehmen. Schließlich rennen alle wild umher, wie spielende Kinder. Oder die Zwergkaninchen veranstalten miteinander »Löwenzahn-Tauziehen« wie eine Art Lieblingssport – so als gäbe es nur dieses eine Blättchen, das besser ist, weil es der andere hat. Solange es bei diesen neckischen Spielchen bleibt, müssen Sie sich keine Sorgen machen, alles normal und völlig harmlos. Ganz anders und ernst zu nehmen sind Streitereien beim Fressen, bei denen sich die Tiere beißen und der Schwächere keine Chance erhält, auch etwas vom Futter abzubekommen.

Futterstreitereien vorbeugen

◆ Verteilen Sie das Futter in Schüsseln oder auf dem Boden an mehreren Orten im Käfig und im Auslauf. Das sorgt zusätzlich für mehr Beschäftigung.

- Reichlich füttern, sodass das Frischfutter nicht in kurzer Zeit aufgefressen wird. Am besten so viel, dass stets noch etwas bis zur nächsten Mahlzeit übrig bleibt. Dann wird auch ein Kaninchen, das zurückhaltender ist und langsamer frisst, ausreichend satt.

DER KLEINE WÜTERICH

Kaninchen können sich untereinander um das Futter streiten, aber auch ihren Menschen beim Füttern attackieren. Hier ein Beispiel: Sie reichen Ihrem Zwerg die Futterschüssel in den Käfig oder Stall, und blitzschnell springt er mit angelegten Ohren vor, schlägt Ihnen die Schüssel aus der Hand, und wenn Sie Ihre Hand nicht schnell genug zurückziehen, beißt der kleine Wüterich noch schmerzhaft zu. Später im Auslauf verhält sich das Kaninchen wieder friedlich, als ob es kein Wässerchen trüben könnte. Das Zwergkaninchen hoppelt vergnügt herum, kommt herbei und lässt sich wie gewohnt streicheln.

Warum verhält sich der Zwerg so?

Wenn Ihr Zwerg Sie immer nur dann attackiert, wenn Sie ihm die Futterschüssel in den Stall stellen wollen, aber ansonsten lieb und umgänglich ist, dann handelt es sich vermutlich um eine sogenannte futterbezogene Aggression. Mit anderen Worten: Der Kleine scheint ein recht selbstbewusstes Kerlchen zu sein, das Ihnen gegenüber den Chef spielt und vehement seinen Futterplatz verteidigt. Dies ist aus Sicht des Kaninchens erst einmal nichts Unnormales, sollte ihm aber schnellstens abgewöhnt werden. Denn in der momentanen Situation hat das Kanin-

chen gelernt, dass es mit seinen Angriffen Erfolg hat. Sie ziehen sich ängstlich zurück, und es kann in aller Ruhe fressen.

Das können Sie tun

Als Erstes sollten Sie die unerwünschte Verknüpfung Futterplatz = Futterverteidigung unterbrechen. Bieten Sie dem kleinen Wüterich zukünftig sein Futter an verschiedenen Plätzen an, die sich außerhalb seines Käfigs befinden. Sorgen Sie für mehr Abwechslung und Beschäftigung, indem Sie Zweige erhöht aufhängen oder das Futter in einem Tunnel oder Karton verstecken, sodass die kleine Fellnase sein Futter erarbeiten muss. Sollte Ihr Zwerg noch allein leben, dann wird es höchste Zeit für einen Kumpel. Am besten einen, der gleich alt und selbstbewusst genug ist, sich bei einer Auseinandersetzung mit dem »Möchtegern« auch durchzusetzen!

Verteidigt Ihr Zwerg sein Futter im Käfig, dann wechseln Sie den Futterplatz.

5

GESUND
UND
SCHÖN

Damit die Zwerge gesund bleiben, sind die artgerechte Haltung und Ernährung wichtige Voraussetzungen. Doch auch eine gute Pflege und Gesundheitsvorsorge dürfen nicht zu kurz kommen. Ist der Zwerg dennoch krank geworden, muss er zum Tierarzt. Erfahren Sie auch, was bei unerwartetem Nachwuchs zu tun ist.

Das kleine Einmaleins der regelmäßigen Pflege

Saubere und gepflegte kleine Fellnasen sehen nicht nur hübscher aus, es steigert auch ihr Wohlbefinden. Und unsere regelmäßige Gesundheitskontrolle ist eine gute Vorsorge.

Zwergkaninchen putzen ihr Fell mehrmals am Tag ausgiebig mithilfe ihrer Vorderpfoten und der Zunge. Denn nur ein sauberes und trockenes Haarkleid schützt die Tiere vor Witterungseinflüssen von außen.

FELL PFLEGEN

Kaninchen wechseln in der Regel zweimal pro Jahr ihr Fell. Im Frühling verlieren sie den dichten Winterpelz und tragen bis zum Herbst das leichtere Sommerfell.

TIPP

Filzknoten entfernen
Die Knoten müssen unverzüglich entfernt werden, bevor größere Filzplatten entstehen. So geht's: Vorsichtig das verfilzte Haar mit den Fingern auseinanderziehen. Reicht das nicht, dann mit einer Babyschere von unten her aufschneiden. Ein spezieller Entfilzungskamm und eine Zupfbürste helfen bei der Pflege.

Dann wechseln sie wieder. Besonders stark tritt der Fellwechsel bei Tieren auf, die ganzjährig draußen leben. Sie können im Frühling büschelweise Haare verlieren. Bei Wohnungskaninchen verläuft der Fellwechsel aufgrund der konstanteren Temperaturen weniger intensiv, dafür aber häufig über einen längeren Zeitraum.
Normal- und Kurzhaar: Einmal im Monat, während der Haarung wöchentlich, das Fell in Wuchsrichtung durchbürsten. Am effektivsten entfernt ein Pflegehandschuh oder Striegel mit Gumminoppen die abgestorbenen Haare. Auch eine Naturborstenbürste ist geeignet (→ Seite 104–105). Danach lose Haarreste mithilfe eines feuchten Ledertuchs entfernen.
Langhaarfell benötigt ganzjährig Pflege. Während reinrassige Fuchszwerge und Cashmere durch die stützenden Grannenhaare weniger zum Verfilzen neigen, sind Flauschis wie Teddy, Jamora und alle Angoramischlinge besonders anfällig dafür. Sie gehören mindestens zweimal wöchentlich gründlich durchgekämmt und je nach Rasse und Fellstruktur auch geschoren. Im Hochsommer empfehle ich für alle Flauschis einen Kurzhaarschnitt.

GESCHLECHTSECKEN SÄUBERN

In den haarlosen Hauttaschen beidseitig der Geschlechtsöffnung sitzen die Leistendrüsen, die Pheromone (Duftstoffe) produzieren (→ Seite 42). Ihnen entströmt ein süßlich-strenger Geruch. Da sich dort häufig Sekretablagerungen festsetzen, sollte man diese regelmäßig mit einem in Babyöl getränktem Wattestäbchen entfernen (→ Seite 103). Diese Intimpflege hilft Entzündungen vorzubeugen.

KRALLEN SCHNEIDEN

Das Kaninchen besitzt stets nachwachsende Krallen, die ihm beim Tunnelgraben helfen. Doch bei einem Wohnungskaninchen nutzen sich die Krallen zumeist nicht ausreichend ab. Ich kontrolliere die Krallen meiner Tiere alle zwei Monate und kürze nach Bedarf ein. Lassen Sie sich von einer zweiten Person dabei helfen, dann geht es leichter. Während einer den Zwerg hält, kann der andere in aller Ruhe die Krallen schneiden.

◆ **Die ideale Länge** ist etwas länger als die Pfotenbehaarung, die Spitzen zeigen auf den Boden.

◆ **Zu stark ausgewachsene Krallen** biegen sich sichelförmig nach innen (→ Foto, Seite 102 unten). Dadurch werden beim Auftreten die Zehen verdreht, und die arme Fellnase kann nur noch unter Schmerzen laufen. Lassen Sie es nicht so weit kommen!

Richtig kürzen: Mithilfe einer speziellen Krallenzange oder -schere etwa 7 mm über den Blutgefäßen (dem lebenden Teil) abschneiden. Bei hellen Krallen scheint das sogenannte Leben gut erkennbar rötlich

durch. Bei dunklen Krallen ist es hilfreich, diese beim Schneiden von unten mit einer starken Taschenlampe anzuleuchten.

Hinweis: Falls Sie trotz aller Vorsicht einmal die Blutgefäße verletzen, kurz ein sauberes Taschentuch auf die Verletzung drücken und die Stelle mit einem Sprühpflaster verschließen.

Zur besseren Abnutzung der Krallen legen Sie in die Buddelkiste unter die Sandmischung eine Tuffsteinplatte. Als Weichgestein unterstützt dies den natürlichen Abrieb der Krallen.

Alle notwendigen Werkzeuge zur Pflege habe ich auf einer Doppelseite zusammengefasst (→ Seite 104–105).

Nicht nur das Fell, sondern auch die Pfoten werden regelmäßig geputzt.

Die wichtigsten Handgriffe zur Pflege

Ein Kaninchen bei Kontroll- und Pflegemaßnahmen richtig zu halten erfordert etwas Übung. Lassen Sie sich schwierige Handgriffe zuvor vom Tierarzt oder von einem Experten zeigen.

Krallen schneiden

Legen Sie als rutschfeste Unterlage eine dicke Wolldecke auf den Tisch. Beim Arbeiten sitzt der Zwerg wie abgebildet dicht an Ihrem Oberkörper. Der enge Körperkontakt wirkt beruhigend, und so ist der Zwerg sicher fixiert. Kürzen Sie die Krallen mit einer speziellen Krallenschere oder -zange. Damit Sie keine Kralle übersehen: Das Kaninchen hat an jeder Vorderpfote 5, an jeder Hinterpfote 4 Krallen.

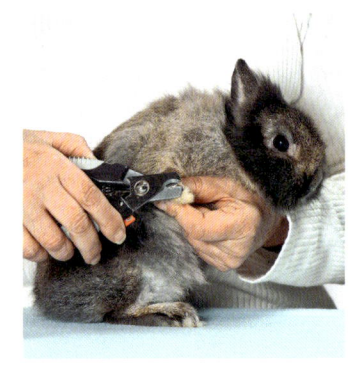

Zu lange Krallen

Als Notfall aufgenommen, musste ich umgehend die Krallen von diesem Zwerg kürzen, weil sie sich schon teilweise nach hinten verformt hatten. Dazu schneidet man die Krallen mit einer Krallenzange etwa 7 mm über dem lebenden Teil ab. Dunkle Krallen kürzen Sie am besten über einer starken Lichtquelle, weil man so die Blutgefäße besser erkennt.

Zahnkontrolle

Um die Zähne zu sehen, zieht man die Oberlippe leicht zur Seite weg. Das Foto zeigt eine normale Zahnstellung. Hierbei greifen die vorderen oberen Schneidezähne (→ Seite 116) wie bei einer Schere knapp über die Zähne des Unterkiefers (Scherengebiss). Nur bei normaler Gebissstellung können sich die stets nachwachsenden Zähne des Kaninchens beim Nagen und Kauen ausreichend abnutzen. Für den gesunden Zahnabrieb ist auch eine naturgemäße Ernährung (→ Seite 82ff.) wichtig.

Ohrenpflege

Überschüssiges Schmalz in den Ohren entfernen Sie am besten mit einem sauberen Papiertaschentuch, welches Sie zuvor mit warmem Wasser leicht anfeuchten. Keine Wattestäbchen verwenden, das ist in den Ohren zu gefährlich!

Geschlechtsecken säubern

Dort können sich Sekrete ablagern, die Sie am besten mit einem mit Babyöl getränkten Wattestäbchen entfernen. Setzen Sie dazu das Tier vor sich auf den Tisch, greifen ihm dann mit der linken Hand unter den Brustkorb, richten es langsam auf, wobei Sie es an Ihrem Oberkörper abstützen, bis der Zwerg die abgebildete Position eingenommen hat.

Die wichtigsten Pflegeutensilien

Babyöl
Für die Säuberung der Geschlechtsecken

Floh- & Staubkamm
Mit besonders engen Zinken zum Auskämmen von Ungeziefer und Staub

Taschenlampe
Hilft beim Schneiden dunkler Krallen, praktische Variante zum Hinlegen mit 2 Lichtquellen

Baby-Wattestäbchen
Schonende Reinigung der Geschlechtsecken. Nicht für die Ohrenpflege einsetzen!

Stabile Krallenschere
Verwende ich gern. Schneidet auch harte Krallen zuverlässig

Krallenschere
Mit Sicherheitsverschluss und Klinge individuell einstellbar

Zeckenzange
Erleichtert das Entfernen von Zecken

Einfache Krallenschere
Eher für dünnere Krallen geeignet

Babyschere
Mit abgerundeten Spitzen, zum sicheren Fellkürzen und Filzknoten-Aufschneiden

Schurschere
Mit Schutzbügel, verhindert Verletzung beim Fellscheren

Filzkämme
Mit speziellen Zinken zum Auflösen von Filzknoten

Schermaschine
Mit verstellbarem Aufschiebekamm zur Schur von Langhaarflauschis

Metallkamm
Gleichzeitig geeignet für das grobe und feine Durchkämmen

Massagebürste
Mit Naturborsten, zur sanften Fellpflege und Massage bei kurzem und normal langem Haar

Zupfbürste
Mit weichen Metallborsten zur Pflege bei langem Haar

Fellstriegel
Mit Gumminoppen zur Haarpflege bei Kurz- und Normalhaar, plus Gummiunterseite zur Nachpflege (oben). Mit längeren Gumminoppen zum Entfernen loser Haare bei Normalhaar (unten)

Feuchte Pflegetücher
Gut zum Entfernen von leichten, nicht entzündlichen Verkrustungen

Bürste
Mit Naturborsten für Normalhaar, bedingt einsetzbar bei langem Haar

Antirutschmatte
Als Unterlage bei der Pflege des Kaninchens

Gesundheitsvorsorge und leichte Beschwerden

Kaninchen sind von Natur aus recht widerstandsfähig. Trotzdem kann auch ein Zwerg bei guter Haltung und gesunder Ernährung einmal erkranken oder sich verletzen. Also Augen auf und genau hinschauen!

Kranke oder verletzte Kaninchen verhalten sich eher still und unauffällig. Dies ist ein angeborenes Schutzverhalten, um Raubtiere nicht unnötig auf sich aufmerksam zu machen. Doch was sich draußen in der Natur als sinnvoll erweist, muss nicht folgerichtig in der Heimtierhaltung von Vorteil sein. Denn wir Menschen sind leider nicht immer so achtsam. Und so erregt ein winselnder Hund oder eine miauende Katze eher unsere Aufmerksamkeit als die stille kleine Fellnase.

ERSTE ANZEICHEN

Sie können Vorboten einer Krankheit sein. Beobachten Sie die Veränderungen, ob sie nach kurzer Zeit wieder vergehen oder ob der Zustand andauert oder sich sogar verschlechtert. Manchmal kann das bei Kaninchen sehr schnell passieren. Dann müssen Sie umgehend mit Ihrem Zwerg zum Tierarzt (→ Tabelle, Seite 117).

- Bei der täglichen Fütterung hoppelt das Kaninchen nicht wie gewohnt freudig herbei. Es frisst weniger als üblich.

Klare Augen, saubere Ohren und Nase, dazu ein glänzendes Fell: So sieht ein gesunder Zwerg aus.

◆ Der Zwerg verhält sich sehr ruhig und nimmt nicht mehr neugierig Anteil an seiner Umgebung. Er zieht sich stattdessen häufiger in sein Häuschen zurück.

Regelmäßiger Köttel-Check als Vorsorge: An der Beschaffenheit der Kotpillen lässt sich erkennen, ob erste Anzeichen einer Störung vorliegen. Der Kot eines gesunden Kaninchens besteht aus wohlgeformten rundlichen Pillen, die je nach Fütterung mittelbraun bis schwarzbraun gefärbt sind. Ein ganz anderes Bild zeigt sich bei den folgenden Verdauungsbeschwerden.

Durchfall

Der Kot ist unförmig und weich, das Fell um den After herum ist schmutzig, das Allgemeinbefinden ansonsten unauffällig. **Erstbehandlung:** Alles gründlich reinigen und frisch einstreuen. Das kotverschmierte Fell am After vorsichtig mit einer Babyschere (→ Seite 104) abschneiden, die Stelle mit Kamillenlösung abspülen und trocknen. Statt Wasser bekommt der Patient lauwarmen verdünnten Fenchel- oder Kamillentee zum Trinken. Als **Diät** viel gutes Heu mit Kräutern, ein wenig Fenchel und Karotte, als **Naturheilmittel** frische Weidenzweige, die bei Blähungen und Durchfall helfen und Schmerzen lindern. Auch Brombeerblätter helfen. **Hinweis:** Ist nach 24 Stunden keine deutliche Besserung eingetreten, bitte zum Tierarzt. Bei schwerwiegenden Symptomen (→ Tabelle Seite 117) keine weitere Selbstbehandlung, sofort zum Tierarzt! Kotprobe mitnehmen.

Verstopfung

Das Tier setzt noch Kot ab, die Pillen sind aber extrem klein und hart. Oder Sie finden in der Einstreu Köttelketten, die aussehen wie an einer Schnur aufgefädelt. Allgemeinbefinden ansonsten unauffällig. **Erstbehandlung:** Falls Sie Trockenfutter füttern, dieses allmählich weglassen. Stattdessen **Frischkostdiät** aus leicht verdaulichen Futtersorten und solchen mit hohem Flüssigkeitsanteil untermischen: Salatgurke, Chicorée, Fenchel, Staudensellerie, Zucchini und Pastinake. Aber nur in kleinen Mengen, keine radikale Futterumstellung vornehmen! Haben Sie zuvor frisches Wiesengrün gefüttert, können Sie es beibehalten oder Sie geben dem Zwerg meine Diätmischung. Animieren Sie den Kleinen zu **mehr Bewegung**, denn neben falscher Ernährung kann auch Bewegungsmangel Verstopfung verursachen. Bei **Köttelketten** hat das Kaninchen beim Putzen zu viele Haare verschluckt. Dagegen hilft nur regelmäßige Fellpflege (→ Seite 100)!

Krampflösend und schmerzlindernd: Setzen Sie den Zwerg auf ein warmes Kirschkernkissen (auch Wärmflasche) und streicheln ihn beruhigend. Wenn er es zulässt, massieren Sie zusätzlich seinen Bauch, indem Sie Ihre Hand mit sanftem Druck auf dem Bauch kreisen lassen. Mit Lein- oder Sesamöl kommt die Verdauung wieder in Gang. Per Einwegspritze einmalig 3 ml seitlich ins Mäulchen eingeben (→ Seite 112).

Gegen Magenblähungen (gespannter Bauch): Sab simplex® (→ Seite 108) 3-mal täglich 1 ml, pur oder mit Tee verdünnt. Achten Sie darauf, dass das Kaninchen **viel trinkt**. Sonst flößen Sie ihm zusätzlich verdünnten Kamillen- oder Fencheltee ein. **Hinweis:** Setzt das Tier gar keinen Kot mehr ab oder treten weitere Symptome auf (→ Tabelle Seite 117), sofort zum Tierarzt, es besteht Lebensgefahr!

Eine Apotheke für Kaninchen

Kirschkernkissen
Bei Unterkühlung und Verkrampfungen

Rescue Remedy
Notfalltropfen bei Schock, Unfall

Sab simplex®
Hilft bei Blähungen

Tabletten-schneider

Rodi-Care® uro
Bei Blasen-problemen

Bene-Bac®
Saniert die Darmflora

Einweg-spritzen
Zur dosierten Eingabe von Flüssigkeit (ohne Nadel)

Critical Care®
Aufbaukost

Kaninchen-Body
Schützt nach Operationen

Tabletten-eingeber
Zur Eingabe weiter hinten im Rachen

Fieberthermometer, digital
Nur rektal messen!

Calendula-Tinktur
Zur Wundbehandlung

Verbandszeug
Mullbinde, sterile Kompresse
und Verbandsschere

Traumeel
Bei Verstauchungen,
Prellungen

Euphrasia Augen-tropfen
Bei geröteten, gereizten Auge

Kamille
Bei Magen-Darm-Problemen, zur lokalen Fellreinigung

Probengefäß mit Spatel
Für Kotproben

Kamille
Zum Inhalieren

Bepanthen®
Wund- und Heilsalbe

VulnoPlant®
Wund- und Heilsalbe

Sprühpflaster
Bei Krallenverletzungen

Schweden-bitter
Bei Wunden und Geschwüren

Nux vomica C30
Bei akuten Magen-Darm-Problemen

Octe-nisept®
Zur Wunddesinfektion

Arnica C30
Bei Verletzungen

Silicea C30
Bei Verhärtungen, Eiterungen, Impffolgen

DIE VORTEILE DER KASTRATION

Einzelhaltung ist für Kaninchen nicht artgerecht, eine zügellose Vermehrung dagegen unverantwortlich. Kastrierte Tiere markieren und spritzen weniger, lassen sich leichter zur Sauberkeit erziehen und sind ausgeglichener. Unkastriert leidet das sexuell aktive Kaninchen unter seinem Triebstau. Als potentes Tier verhält es sich naturgemäß gegenüber Artgenossen, häufig aber auch gegenüber seinem Menschen aggressiver. Doch die Kastration dient auch der Gesundheitsvorsorge.

Der richtige Zeitpunkt

Empfehlenswert für die Vergesellschaftung ist die frühe Kastration. Aber auch ein altes Kaninchen, sofern es fit und gesund ist, kann noch kastriert werden.

Rammler: Am besten vor Eintritt der Geschlechtsreife kastrieren, die bei Zwergen etwa mit 12 Wochen beginnt. Sicherheitshalber rate ich Ihnen, den Rammler schon mit 10 Wochen dem Tierarzt vorzustellen. So fangen die Männchen untereinander gar nicht erst an zu raufen, und Sie können einen früh kastrierten Bock auch gleich wieder zum Weibchen setzen.

Hinweis: Ein Bock, der schon gedeckt hat oder später kastriert wird, muss danach noch etwa 6 Wochen getrennt von Weibchen gehalten werden, sonst kann es zur erneuten Deckung kommen, weil sich noch Samen im Samenleiter befinden. Auch ein Weibchen ist gleich nach der Geburt wieder empfängnisbereit!

Häsin: Werden die Weibchen in Heimtierhaltung nicht kastriert, dann leiden sie naturgemäß unter ihrem Hormonstau. Die Folge: Dauerbrunst, Scheinträchtigkeit und das häufige Berammeln ihres kastrierten Partners. Letzteres ist ein verzweifelter Versuch des Weibchens, den Bock zum Decken aufzufordern, wobei der arme Kastrat in arge Bedrängnis geraten kann. Noch viel wesentlicher ist die Gesundheitsvorsorge. Ich habe schon vor 10 Jahren dazu geraten, auch die Weibchen zu kastrieren, als die ersten wissenschaftlichen Studien aus den USA veröffentlicht wurden. Heute weiß man, dass 80 Prozent der unkastrierten Häsinnen im Lauf ihres Lebens an Gesäuge-, Gebärmutter- oder Eierstockkrebs erkranken!

Kastration: Vorbereitung und Nachsorge

Vor dem operativen Eingriff darf der Zwerg keinesfalls fasten, damit sein spezielles Verdauungssystem nicht aus der Balance gerät (→ Seite 80f.). Da ein Kaninchen nicht erbrechen kann, besteht zudem

TIPP

Kaninchenerfahrener Tierarzt
Lassen Sie Ihre Tiere nur bei einem erfahrenen Tierarzt behandeln und kastrieren. Dies ist vor allem bei der Kastration der Häsin dringend anzuraten, da leider viele Tierärzte nicht über ausreichend Erfahrung verfügen und sich dadurch das Risiko, dass die Häsin bei der OP stirbt, beträchtlich erhöht. Worauf Sie bei der Wahl des Tierarztes achten sollten, lesen Sie in der App (→ Foto, Seite 113).

keine Erstickungsgefahr. Reichen Sie dem Tier am Abend vor der OP sein gewohntes Grünfutter, am Morgen davor Heu und leicht verdauliche Frischkost, etwa Fenchel, Apfel, Karotte.

Nachsorge zu Hause: Zur besseren Wundheilung setzt man das kastrierte Tier die ersten Tage im Stall/Zimmerkäfig vorsorglich auf Tücher oder Küchenkrepp. Manche Kaninchen leiden nach der OP an Untertemperatur. Ich befestige dann eine Rotlichtlampe auf einer Ecke des Gitterdaches. Das unterkühlte Tier kann sich dann nach Bedarf wärmen. Um den Zwerg zum Fressen anzuregen, bieten Sie ihm frische Leckerbissen an: Dill, Petersilie, Löwenzahn. Sollte der Kleine die Nahrung auch noch am Tag nach der Kastration verweigern, müssen Sie mit ihm zum Tierarzt.

WICHTIG

Wohnungskaninchen impfen? Die Übertragung erfolgt am häufigsten durch stechende Insekten. Einen hundertprozentigen Schutz vor Stechmücken gibt es auch in der Wohnung oder auf dem Balkon nicht. Erreger können Sie auch durch kontaminiertes Futter von draußen oder unter Ihren Schuhen in die Wohnung tragen und damit Ihre Tiere infizieren. Deshalb sollten auch Wohnungskaninchen vorsorglich geimpft werden.

IMPFUNGEN RETTEN LEBEN

Schützen Sie Ihre kleinen Fellnasen unbedingt rechtzeitig vor den gefährlichen Seuchen. Zum Zeitpunkt der Impfung muss das Kaninchen absolut gesund sein!

Wogegen wird geimpft?

Die Myxomatose, auch Kaninchenpest genannt, führt bei infizierten Kaninchen zu massiven Schwellungen am Kopf und an den Genitalien. Die Augenlider schwellen zu, bis das Tier komplett erblindet. Bei nicht geimpften Tieren liegt die Sterblichkeitsrate bei 80 Prozent.

Die RHD (Rabbit Haemorrhagic Disease), auch als Chinaseuche bekannt, ist eine rasant verlaufende Viruserkrankung, die innerhalb von Stunden zum Tod durch innerliches Verbluten führt. **Hinweis:** Seit 2013 verbreitet sich auch in Deutschland ein neues RHD2-Virus. Bei dem neuen Stamm führt der bislang verfügbare Impfstoff nur zu einem Teilschutz.

Impfempfehlung: Es gibt einen Kombiimpfstoff gegen RHD und Myxomatose. Er kann ab der 5. Lebenswoche geimpft werden (= einmalige Grundimmunisierung), Wiederholungsimpfung nach 1 Jahr. Lassen Sie möglichst vor der Mückenzeit im Frühjahr impfen. Die StiKo Vet (ständige Impfkommission) rät allerdings zu einer 2-fachen Grundimmunisierung und zu häufigeren Wiederholungsimpfungen.

Ansteckender Schnupfen: Diese Impfung ist umstritten, da bis dato unauffällige Tiere durch die Impfung erkranken können.

Hinweis: Die Impfung gegen den ansteckenden Schnupfen muss zeitlich versetzt von der Impfung gegen RHD und Myxomatose erfolgen.

Das Kaninchen als Patient

Es ist hilfreich, wenn Sie wissen, wie beim Kaninchen Fieber gemessen oder dem Tier Medizin verabreicht wird. Bei einem drohenden Hitzschlag können die Sofortmaßnahmen lebensrettend für den Zwerg sein!

Fieber messen

Setzen Sie den Zwerg vor sich auf den Tisch, Kopf von Ihnen abgewandt. Dann greifen Sie ihm mit der linken Hand unter den Brustkorb, richten das Tier langsam auf, wobei Sie es an Ihrem Oberkörper abstützen, bis es die abgebildete Position eingenommen hat. Fieber messen Sie in der Afteröffnung (unten an der Schwanzwurzel). Zum leichteren Einführen das Thermometer mit Vaseline einstreichen.

Flüssigkeit eingeben

Zur Verabreichung und genauen Dosierung von flüssigen Medikamenten (auch bei Zwangsernährung) lassen Sie sich vom Tierarzt mehrere passende Einwegspritzen geben (ohne Nadel!). So geht's: Flüssigkeit aufziehen und seitlich ins Mäulchen Ihres kranken Zwergs spritzen – aber langsam, damit er Zeit hat zu schlucken und damit nichts wieder herausläuft.

Inhalieren

Dies unterstützt die Heilung bei Atemwegserkrankungen. Setzen Sie den Zwerg in eine geräumige Transportbox auf ein Handtuch. Dann Kamillenblüten in einer Schüssel mit kochendem Wasser übergießen, vor die Box stellen und beide mit einem leichten Leinentuch (Bettlaken) abdecken. Die Schüssel nicht zu nah an die Gittertür stellen, damit es dem Tier unter dem Tuch nicht zu heiß wird. 2- bis 3-mal täglich etwa 15 Minuten inhalieren. Bei Schnupfennasen wirkt ein Thymian-Aufguss lindernd.

Hitzschlag

Erste Hilfe: Das Kaninchen sofort in einen kühlen Raum bringen und ein feuchtes (nicht eiskaltes) Handtuch darüberlegen. Dadurch entsteht Verdunstungskälte, und der überhitzte Patient wird behutsam abgekühlt. Maßnahme wiederholen, bis sich das Tier etwas erholt hat. Zur notwendigen Weiterbehandlung zum Tierarzt. Vorbeugung, → Seite 115.

Augentropfen eingeben

Wie abgebildet, die Tropfen vorsichtig in den Bindehautsack träufeln. Bei Rötung und Reizung hilft Euphrasia (Augentrost). Einwegphiolen sind gut anwendbar und wegen der geringen Menge hygienisch. Bei eitriger Augenentzündung bitte zum Tierarzt!

Häufige Krankheiten, die Sie kennen sollten

Bei den folgenden Krankheiten können Sie vorbeugend und helfend eingreifen. Zeigt Ihr Zwerg eines der Symptome aus der Tabelle auf der nächsten Doppelseite, muss er sofort zum Tierarzt.

Wir Menschen freuen uns, wenn es endlich Sommer ist und wir draußen in der Natur unsere Freizeit verbringen können. Doch gerade in dieser schönen Jahreszeit sind die kleinen Fellnasen speziellen Gefahren ausgesetzt, denen Halter nur mit besonderer Aufmerksamkeit und Fürsorge begegnen können.

VORSICHT, FLIEGENMADEN!

Der Fliegenmadenbefall, auch Myiasis genannt, ist eine sehr heimtückische und gefährliche Erkrankung. Nicht rechtzeitig erkannt und behandelt, kann er dem Kaninchen das Leben kosten.
Besonders gefährdet sind geschwächte, kranke oder in ihrer Bewegungsfreiheit eingeschränkte Tiere, die sich nicht mehr richtig putzen können (Kaninchen mit Schiefkopf, Behinderungen, Fettleibigkeit). Aber auch jede noch so kleine Wunde, ein nasses oder gar kotverschmiertes Hinterteil ziehen die Schmeißfliegen magisch an.
Das kann passieren: An allen verschmutzten, feuchten sowie verletzten Körperstellen legen Fliegen ihre Eier ab. Innerhalb von Stunden schlüpfen daraus knapp 1 cm große Maden, die sich durch die Haut bohren und die arme Kreatur buchstäblich bei lebendigem Leib auffressen. Sobald Sie auch nur eine einzige winzige Made an Ihrem Kaninchen entdecken, bringen Sie das Tier **sofort zum Tierarzt** oder in die Notfallaufnahme. Warten Sie zu lange, ist eine Behandlung nicht mehr möglich, und der arme Zwerg kann nur noch von seinen Leiden erlöst werden!
Wichtige Vorsorge: Halten Sie Unterkunft und Auslauf absolut sauber. Vor allem die Toilettenkisten und Stellen, die mit Kot und Urin verschmutzt sind, müssen jetzt täglich gereinigt werden, um keine Fliegen anzulocken. Nehmen Sie jeden Ihrer Zwerge täglich einmal – gefährdete Tiere zweimal täglich – in die Hand. Drehen Sie das Tier um und checken es genau durch. Gehört Ihr kleiner Liebling zu den Flauschis, dann sind die winzig kleinen Maden unter dem langen Fell besonders schwer zu erkennen. Täglich kämmen, wenn möglich mit einem Flohkamm, und das Fell um den Analbereich vorsorglich wegschneiden. Gefährdete Tiere mit langem, dichtem Fell empfehle ich, auch schon wegen der Hitze, im Sommer zu scheren

(→ Seite 100). Behandeln Sie auch kleinste Wunden und Verletzungen umgehend. Naturheilmittel wie Schwedenbitter (pur) oder Calendula-Lösung (10 Tropfen Urtinktur auf 50 ml Wasser) desinfizieren und unterstützen die Wundheilung. **Vorsicht bei Durchfall** (→ Seite 107): Kotverschmiertes oder urinnasses Fell um den Afterbereich herum wegschneiden. Danach die Stelle mit einer Kamillenlösung ausspülen. Nicht baden! Gut abtrocknen, denn nasses Fell birgt erneute Gefahren. **Hinweis:** Durchfallpatienten gehören in tierärztliche Behandlung!

NOTFALL HITZSCHLAG

Wir Menschen können am ganzen Körper schwitzen und dadurch unseren überhitzten Körper abkühlen. Das kann das Kaninchen nicht. Nur über seine Ohren und eine vermehrte Atmung kann es versuchen, seine Körpertemperatur zu regulieren. Zusätzlich hält das Fell die Körperwärme zurück. Bei hohen Temperaturen, besonders bei schwülwarmer Witterung, sind die Kaninchen gefährdet. Und weil sie sich nicht wie Wildkaninchen in kühle unterirdische Tunnel zurückziehen können, sind sie auf unsere Vorsorge angewiesen.

So kommen Ihre kleinen Fellnasen gut durch die heißen Sommertage:

- Die Wohnung in den kühleren Morgen- und Abendstunden lüften (aber Zugluft vermeiden).
- Vor allem Südfenster tagsüber mit Rollläden oder Jalousien abdunkeln.
- Ein Kühlgerät sorgt im Kaninchenzimmer für Abkühlung.
- Legen Sie ein feuchtes Badetuch über das Käfiggitter (Verdunstungskälte).

Eltern-TIPP

Abschied nehmen
Wenn der Tiergefährte stirbt oder eingeschläfert werden muss, dürfen Sie Ihr Kind nicht mit seiner Trauer allein lassen oder ihm umgehend ein Ersatztier anschaffen. Das wäre lieblos. Ein Grab im eigenen Garten oder die Einäscherung im Tierkrematorium – man kann sich eine Urne mitgeben lassen –, dann bleibt die Erinnerung erhalten. Ich habe mit meinen Kindern zusammen gebetet, Blumen hinterlegt und sie damit getröstet, dass ihre kleine Fellnase nun im Himmel ist.

- Im Auslauf kühlende Unterlagen verteilen: Steinfliesen, im Kühlschrank abgekühlte Kirschkernkissen oder einen großen umgedrehten Blumenuntersetzer mit Kühlakkus darunter und einem Handtuch darauf.
- Kaninchen benötigen jetzt viel Flüssigkeit. Wassernäpfe regelmäßig mit frischem Wasser nachfüllen und durstlöschende Gurke oder Wassermelone anbieten.
- Muss das Kaninchen dringend zum Tierarzt, nur im Auto mit Klimaanlage transportieren.
- Im Gartengehege und auf dem Balkon mithilfe eines großen Sonnenschirms oder Sonnensegels für kühle, luftige Schattenplätze sorgen.

◆ Nutzen Sie den natürlichen Schatten von Bäumen, dabei aber die wandernde Sonne nicht außer Acht lassen.

◆ Tiere mit dichtem, langem Fell vorsorglich scheren oder zumindest die Haare stark kürzen.

Symptome eines Hitzschlages

Das Kaninchen liegt völlig apathisch da, seine Flanken beben, die Nasenflügel sind weit aufgerissen, die Schnauze ist vom Hecheln nass. Das Tier hat eine weit nach hinten geneigte, verkrampfte Kopfhaltung (Atemnot). Die Schleimhäute sind blassbläulich (Kreislaufschwäche) und nicht wie normal rosa. Im schlimmsten Fall kommt es zum Kreislaufversagen. Das Kaninchen wird bewusstlos und stirbt.

Erste Hilfe zu Hause

Zusätzlich zu den auf Seite 113 beschriebenen Maßnahmen können Sie auch noch die Pfoten des Kaninchens vorsichtig in kaltes Wasser tauchen, um seinen Kreislauf anzuregen. Bieten Sie Ihrem Zwerg zu trinken an. Solange das Kaninchen sich noch im akuten Zustand befindet und um Atem ringt, würde ich keine Flüssigkeit zwangsweise zuführen. Hilfreicher ist eine Infusion durch den Tierarzt.

Hinweis: Keinesfalls ein Kaninchen mit Hitzschlagsymptomen baden, kalt abduschen oder mit Eisbeuteln kühlen. Diesen Schock könnte es nicht überleben!

ZAHNPROBLEME

Ein Kaninchen hat insgesamt 28 bleibende Zähne, die zeit seines Lebens nachwachsen – durchschnittlich 15 cm im Jahr, wobei die vorderen Schneidezähne noch schneller wachsen als die Backenzähne. Eine beachtliche Wachstumsrate, wenn man sich dies einmal bildlich vorstellt.

Im Oberkiefer stehen 4 Schneidezähne (2 große, dahinter 2 ganz kleine Stiftzähne) sowie 12 Backenzähne.

Im Unterkiefer stehen 2 Schneidezähne sowie 10 Backenzähne.

Die normale Gebissstellung ist bei allen Hasenartigen das sogenannte Scherengebiss. Auf dem Foto zur Zahnkontrolle (→ Seite 103 oben) können Sie erkennen, wie die 2 oberen Schneidezähne (die 2 kleinen Stiftzähne dahinter sind nicht sichtbar) knapp über die 2 Schneidezähne im Unterkiefer greifen. Der natürliche Abrieb der Zähne ist nur möglich bei einer normalen Gebissstellung und einer gesunden Ernährung (→ Seite 82ff.).

Eine Gebissfehlstellung ist zumeist genetisch (erblich) bedingt. Durch einen verkürzten Oberkiefer oder ein Zangengebiss kommt es zu einer sogenannten Zahnanomalie. Die Zähne können sich nicht mehr auf natürliche Weise abschleifen und wachsen unkontrolliert weiter. Hierbei krümmen sich die Schneidezähne des Oberkiefers bogenförmig nach innen, die des Unterkiefers wachsen nach vorne wie Spieße aus der Maulhöhle. Ab einer bestimmten Länge ist eine Futteraufnahme für das Zwergkaninchen nicht mehr möglich, daher müssen die Zähne turnusmäßig (etwa alle vier Wochen) vom Tierarzt gekürzt werden.

Hinweis: Gute Tierärzte trimmen die Schneidezähne mittels einer Zahnturbine. Werden sie dagegen mit einer Zange abgeknipst, besteht die große Gefahr, dass der Zahn längs splittert und dadurch die Wurzel verletzt oder sogar zerstört wird!

Backenzähne

Beobachten Sie, dass die Haare um die Mundspalte durch herausfließenden Speichel verklebt sind und Ihr Kaninchen leer kaut, müssen Sie mit ihm zum Tierarzt.

Der Grund dafür sind Spitzen- bzw. Hakenbildungen an den Backenzähnen, die dann in die Zungen- oder Backenschleimhaut eindringen und schwere Entzündungen hervorrufen können.

BEI DIESEN KRANKHEITSANZEICHEN ZUM TIERARZT

Das Kaninchen ist apathisch, es zieht sich zurück oder fällt durch starke Unruhe mit weiteren Symptomen auf. Diese und die nachfolgend genannten Krankheitsbilder sind Alarmzeichen. Sofort zum Tierarzt!

Verhalten	Es knirscht vor Schmerzen mit den Zähnen, trommelt mit den Läufen, dreht und rollt sich, Gleichgewichtsstörungen, Lähmungserscheinungen.
Fressverhalten	Es verweigert jede Nahrung. Es frisst gut, magert aber trotzdem ab.
Fell und Haut	Kahle, schorfige Stellen; das Tier kratzt sich vermehrt, hat Entzündungen, Geschwüre und Anschwellungen.
Atmung	Schnelle, flache Atmung, das Tier bebt am gesamten Körper, hat Atemnot, Erstickungskrämpfe, Husten.
Kopf	Das Kaninchen hält den Kopf schief oder schüttelt ihn häufig.
Augen	Schwellung der Lider, verklebte Augen, eitriger Ausfluss.
Ohren	Schuppiger, borkiger Belag, knotige Anschwellungen.
Nase	Eitriger Ausfluss; das Tier versucht ihn durch »Prusten« und mit der Pfote zu entfernen.
Maul	Das Kaninchen hat vermehrten Speichelfluss; es sabbert.
Bauch	Bauchdecke ist hart und gespannt, stark aufgetrieben (= Blähungen), schmerzempfindlich.
Verdauung	Starker Durchfall, dünnflüssig, riecht unangenehm, eventuell sogar mit Blut vermischt; kein Kotabsatz, das Tier presst mit gekrümmtem Rücken.
Urin	Schmerzlaute beim Wasserlassen, Blut im Urin.
Beine	Unnormale Stellung; das Tier humpelt, versucht, das Bein zu schonen.

Was tun, wenn sich Nachwuchs ankündigt?

Es ist nicht schwer, Kaninchen zu vermehren. Doch das hat nichts mit einer verantwortungsvollen Zucht zu tun. Falls es trotzdem »passiert«, erfahren Sie hier, wie die Kleinen gesund aufwachsen.

Noch immer kommt es vor, dass bei der Abgabe von Jungtieren die Geschlechter falsch bestimmt wurden (→ Seite 16). Zu spät stellt der Halter fest, dass die zwei angeblichen Weibchen oder Männchen ein Pärchen sind. Oder ein besonders frühreifer Zwerg hat die Gunst der Stunde genutzt und noch schnell vor seiner Kastration (→ Seite 110) getan, was Kaninchen nun mal gern tun. Aber auch Kinder arrangieren gern heimliche Hochzeiten, nach dem Motto: »Du hast ein Männchen, ich ein Weibchen, lass es uns doch mal versuchen. Aber bloß nichts Mama davon erzählen!« Und dann ist die Häsin trächtig.

DIE WERDENDE MUTTER

Vom Tag der Befruchtung bis zur Geburt trägt die Häsin durchschnittlich 31 Tage (28 bis 33 sind möglich). Wenn Sie beim Deckakt nicht dabei waren, können Sie den Wurftag nicht berechnen. Achten Sie auf folgende Vorzeichen:

- **Unruhiges Scharren** in der Einstreu.
- **Kratzbürstiges Verhalten** Ihnen und Artgenossen gegenüber: natürlicher Beschützerinstinkt, Ruhe bewahren.

- **Bauch wird dicker,** Zitzen sind leicht geschwollen. Bitte nicht daran herumdrücken, nur leicht abtasten!
- **Trägt Stroh** und Heu im Maul herum: Sie baut ein Nest für ihre Jungen.
- **Rupft sich Bauchwolle aus:** Damit polstert die Häsin ihr Nest aus, damit es die Neugeborenen schön warm haben. Jetzt ist es bald so weit!

Hinweis: Auch ein scheinträchtiges Weibchen kann sich manchmal ähnlich verhalten (→ Kastration der Häsin, Seite 110). Doch diese Phase vergeht dann meist nach circa 2 Wochen wieder.

Wichtige Umgangsregeln

Vermeiden Sie jegliches unnötige Hochnehmen und Herumtragen. Besonders wichtig: eine gesunde, vollwertige Ernährung (→ Seite 82ff.)! Denn die werdende Mutter muss nun die Kleinen in ihrem Bauch mitversorgen. Lebt das trächtige Weibchen mit einem oder mehreren Artgenossen zusammen, beobachten Sie genau, ob sie das Zusammensein noch genießt oder sich davon gestresst fühlt. Nach meiner Erfahrung wollen die trächtigen Kaninchen jetzt eher ihre Ruhe haben.

Dicht an Mama gekuschelt, knabbert das 6 Wochen alte Junge am frischen Grün.

Selbst ein kastrierter Bock, mit dem das Weibchen bisher zusammengelebt hat, hat in der Nähe des Wurfplatzes nichts mehr zu suchen. Das ist jetzt Frauensache!

Ein eigenes Zuhause für die Mutter und ihren Nachwuchs

Stellen Sie der trächtigen Häsin beizeiten einen eigenen geräumigen Zimmerkäfig zur Verfügung, in dem sie in Ruhe werfen und ihre Jungen aufziehen kann.
In der letzten Trächtigkeitswoche sollten Sie den Stall nochmals gründlich reinigen und reichlich frisches Stroh einstreuen. Viele Kaninchen nehmen gern eine Wurfkiste an, die sie dann eifrig mit viel Stroh und Heu auspolstern. Zudem ist die Wurfkiste auch zur Aufzucht sehr prak-

tisch, da die Kleinen darin sicher aufgehoben sind. Man kann sie speziell für Kaninchen im Internet bestellen (→ Adressen, Seite 141).

Die Geburt

Die Häsin bringt ihre Jungen meist so schnell und leise auf die Welt, dass man es gar nicht bemerkt. Bei Zwergrassen liegt die Wurfstärke bei zwei bis vier Jungen, bei Mischlingen auch darüber. Unmittelbar nach der Geburt leckt die Mutter die hilflosen Kleinen sauber, durchtrennt die Nabelschnur und frisst die Nachgeburt, damit das Nest sauber bleibt. Kurz darauf saugen die Neugeborenen zum ersten Mal an den Zitzen der Mutter die wertvolle Kolostralmilch.

Vorsicht: Das Weibchen ist gleich nach der Geburt wieder empfängnisbereit (→ Kastration, Seite 110)!

Wichtige Nestkontrolle

Locken Sie die Häsin mit einem Leckerbissen aus dem Stall in den Auslauf. Dann öffnen Sie behutsam das Nest und überprüfen, ob jedes Junge lebt und unverletzt ist. Zählen Sie gleich den Wurf. Eventuelle Nachgeburtsreste oder tote Kleine entfernen Sie. Bitte auch die übrige Einstreu kontrollieren, denn insbesondere sehr junge und unerfahrene Kaninchenmütter bringen manchmal nicht alle Kleinen im Nest oder in der Wurfkiste zur Welt. Sollte das der Fall sein, müssen Sie das Neugeborene umgehend ins warme Nest legen, sonst stirbt das arme Würmchen an Unterkühlung und verhungert. Eine Kaninchenmutter trägt ihr Junges nicht selbst zurück, wie es Katzen- und Hundemütter tun.

ENTWICKLUNG DER JUNGEN

Als typische Nesthocker kommen Kaninchen nackt, blind und taub auf die Welt, nur ihr Geruchs- und Tastsinn ist entwickelt. Die Neugeborenen können ihre Körperwärme noch nicht selbst regeln, so kuscheln sie sich im Nest dicht aneinander. Ein- bis zweimal pro Tag werden sie gesäugt. Dabei hockt sich die Häsin hin, die Kleinen springen in Sekundenschnelle an die Zitzen und saugen in Rückenlage. Nach jedem Füttern leckt die Häsin den Jungen den Bauch, regt die Darmtätigkeit an und frisst die Ausscheidungen der Kleinen, damit das Nest sauber bleibt. **Hinweis:** Kontrollieren Sie einmal täglich das Gewicht von jedem Baby. Ein gut

gesäugtes Junges liegt satt und zufrieden im Nest und nimmt regelmäßig zu.

Nach einer Woche: Inzwischen haben sich kurze, dicht anliegende, samtige Haare gebildet. Man erkennt auch schon recht deutlich die spätere Fellfärbung. Kaninchenmilch ist konzentrierte Kraftnahrung, daher hat sich das Geburtsgewicht der Kleinen bereits verdoppelt.

Mit zwei Wochen: Augen und Ohren haben sich geöffnet. Die Kleinen tragen nun ein dichtes, flauschiges Babyfell und krabbeln im Wurfhäuschen herum. Ihr Geburtsgewicht hat sich vervierfacht.

Mit drei Wochen: Die ersten Kleinen beginnen das Wurfhäuschen zu verlassen. Im Stall wird »Männchen machen« ohne umzufallen geübt und umhergehoppelt. Neugierig knabbern die Jungen an den Heuhalmen. Mit Ende der 3. Woche sinkt die Milchleistung der Mutter langsam ab.

Mit 4–5 Wochen: Nun lasse ich die Kleinen in den Zimmerauslauf. Die Rasselbande übt sich in Luftsprüngen und jagt wild umher. Da meine Zwerge ganzjährig Grün- und Saftfutter bekommen, fressen auch die Youngster von Anfang an mit.

Ab 6 Wochen: Der Magen-Darm-Trakt der Kleinen stellt sich nun völlig auf feste Nahrung um, auch wenn sie noch ab und zu bei ihrer Mutter trinken.

Mit 8 Wochen sind die Kleinen fit genug zur Abgabe.

VERTRAUEN AUFBAUEN

Wenn Sie regelmäßig das Nest kontrollieren und die Kleinen wiegen, gewöhnen sich die Jungen an Ihre Stimme und Ihren Geruch. Verlässt der Nachwuchs das Nest, können Sie mit vorsichtigen Streichelversuchen beginnen. Später im Auslaufgehege legt man sich am besten auf den Boden und lockt die Kleinen mit freundlicher Stimme an. Wer kommt, erhält zur Belohnung einen Leckerbissen aus der Hand. Gewöhnen Sie den Nachwuchs auch an andere Bezugspersonen und an alle Geräusche, die ein Haushalt so mit sich bringt, wie etwa den Staubsauger. Dann sind sie fit für den Umzug in ein neues Zuhause.

HANDAUFZUCHT

Es kann passieren, dass die Häsin stirbt oder zu wenig bzw. keine Milch hat. Vor allem wenn ein junges Weibchen zu früh gedeckt wurde, können Probleme auftreten (Zuchtreife ab 8 Monaten). Dann ist die Handaufzucht oft die einzige Überlebenschance. So geht's:

- **Nur Aufzuchtsmilch** für Kleintiere verwenden, am besten gewonnen aus Ziegenmilch (→ Adressen, Seite 141), ansonsten die für Katzenbabys.
- **Milchpulver** im Verhältnis 1:2 mit verdünntem Kamillen- oder Fencheltee anrühren (1/3 Tee auf 2/3 abgekochtes Wasser). Trinktemperatur: 36–38 °C.
- **Das Junge** in natürlicher Haltung auf dem Schoß füttern. Praktisch: In einen Waschlappen stecken, dann bleibt es trocken und zappelt nicht.
- **Die Milch** geben Sie vorsichtig, anfangs mithilfe einer Einwegspritze (ohne Nadel), später mit einem Aufzuchtsfläschchen ins Mäulchen – ganz langsam, damit sich das Junge nicht verschluckt. Auch unbedingt darauf achten, dass keine Milch in die Nase läuft.
- **Nach jedem Füttern** sanft das Bäuchlein mit den Fingern Richtung After massie-

WICHTIG

Abgabe in gute Hände
Inserieren Sie eine Kleinanzeige (kostenlos) in gängigen Internetportalen. Mit Fotos und einem netten Text sind die Anzeigen erfolgreicher. Laden Sie die Interessenten zu sich ein und nehmen Sie sich Zeit für ein persönliches Kennenlernen. Kein Tier kostenlos abgeben – denn was nichts kostet, wird auch nicht wertgeschätzt! Für einen zutraulichen Rassezwerg mit Impfung können Sie 50 € verlangen. Ich gebe jedes Jungtier nur mit Schutzvertrag ab und möglichst gleich paarweise. Wer von den Käufern einen Rat braucht, kann mich später jederzeit anrufen.

ren, um die Verdauung anzuregen. Kot und Urin mit Papiertuch abwischen.
- **Dann zurück ins warme Nest** oder in die Wurfkiste legen. Fühlen sich die Babys darin kühl an, kommt unter das Nest ein Snuggle Safe® Heizkissen (speziell für Tiere). Es hält die Wärme 10 Stunden, ist sicher und kabellos.
- **Gegen Blähungen:** 5 Tropfen Sab simplex® in die Tagesportion Milch geben.

Empfohlene Tagesmengen (24 Stunden):
Neugeborene 6 ml: alle 4 Std. 1 ml
1. Woche 15–20 ml: alle 4 Std. 2,5–3,3 ml
2. Woche 25–27 ml: alle 6 Std. 4–5,5 ml
3. Woche 30 ml: alle 6 Std. 7,5 ml

6

AKTIV
UND
TOPFIT

Die optimale Haltung von Zwergkaninchen beinhaltet auch, sie artgerecht zu beschäftigen und ihnen Utensilien anzubieten, damit den Kleinen nicht langweilig wird. Erfahren Sie auf den nächsten Seiten, wie Sie Muskeln und graue Zellen Ihrer kleinen Fellnasen am besten auf Trab halten.

Spielen und beschäftigen ist mehr als Zeitvertreib

Zwergkaninchen sind clevere kleine Kerlchen, die beschäftigt werden wollen. Ein abwechslungsreich gestaltetes Umfeld, Intelligenzspiele sowie kleine Übungen halten Körper und Köpfchen fit.

Draußen in der Natur steht ein Wildkaninchen jeden Tag vor neuen Herausforderungen. Nur wer stets wachsam ist und dazulernt, kann sich in seiner Umwelt zurechtfinden und darin überleben. Bewegt sich ein Kaninchen in unserer menschlichen Obhut, muss es nicht täglich auf Futtersuche gehen und Angst haben, von einem Raubtier gefressen zu werden. Doch so ein wohlbehütetes Dasein inklusive einer Rundumversorgung kann auch schnell langweilig und öde werden. Sorgen Sie für mehr Unterhaltung, indem Sie das Kaninchenheim abwechslungsreich ausstatten und den Kleinen ab und zu etwas Neues zum Entdecken mitbringen.

BESCHÄFTIGUNGSIDEEN FÜR DAS INNENGEHEGE

Durch Tunnel schlüpfen, sich verstecken, auf oder über kleine Hindernisse springen, buddeln – all dies macht Kaninchen Spaß und hält die kleinen Racker fit. Der Zoofachhandel bietet ein großes Sortiment an Produkten speziell für unsere Zwergkaninchen an. Sie können aber auch viele Utensilien dafür selbst basteln.

Häuser: Am besten aus unbehandeltem Naturholz, da die Kaninchen gern daran knabbern. Empfohlene Größe: Etwa 30 cm breit, 40 cm lang und 30 cm hoch. Damit kein Tier darin von einem anderen in die Enge getrieben werden kann, sollte das Haus immer über einen zweiten Ausgang verfügen. Mit einem flachen Dach nimmt es im Stall weniger Platz weg und dient zudem als aussichtsreiche Liegefläche.

Einfache Pappkartons fallen in jedem Haushalt an. Hauptsache, der Karton ist stabil, damit er nicht umkippt und das Kaninchen auch aufs Dach springen kann, ohne einzubrechen. Schneiden Sie verschiedene Ein- und Ausgänge in den Karton – fertig ist ein einfacher Unterschlupf, der nichts kostet und nach Gebrauch problemlos in der Papiertonne entsorgt werden kann.

Röhren und Tunnel (mindestens 15 cm Durchmesser) werden speziell für Kaninchen aus unterschiedlichen unbehandelten Naturmaterialien zum Durchschlüpfen, Verstecken und als Knabberbeschäftigung angeboten. In größeren Tunnels können auch zwei Zwergkaninchen nebeneinanderkuscheln. Auf Fotos sehen Sie eine

Röhre aus Korkrinde (→ Seite 3), ein Weidentunnel (→ Seite 122/123), eine zweiteilige Grasröhre (→ Seite 73). Sie können auch unterschiedlich große Röhren ineinanderstecken. Da besonders der Weidentunnel leicht umherrollt – was manche Kaninchen nicht mögen –, lege ich an beiden Seiten einen Stein unter.
Hinweis: Spieltunnel aus Nylon empfehle ich nicht. Knabbert ein Tier daran, kann es Teile verschlucken, was zu schweren Verdauungsproblemen führt.
Kuschelbettchen: Gut eignen sich Körbe aus unbehandelter Weide oder ein Grasnest (→ Foto, Seite 72). Eine einfache Lösung: Eine nicht mehr benötigte Obstkiste aus dem Supermarkt wird mit Stroh oder Heu ausgepolstert oder mit lockeren Knäueln aus Küchen- oder ungefärbtem Toilettenpapier gefüllt. Falls Ihr Zwerg sein Bettchen zweckentfremdet, legen Sie eine dicke Lage Zeitung unter die Kiste, damit kein Urin auf den Boden durchsickert. Ebenfalls zum Kuscheln lädt die Stuhl-Hängematte (→ Seite 70) ein.
Spielzeug (→ Seite 128/129): Bälle, Ringe, Hanteln aus Weide oder Gras stupsen, rollen oder tragen Kaninchen gern herum. Manch kecker Zwerg wirft das Spielzeug auch schon mal im hohen Bogen durch das Gehege. Aus Naturmaterialien bestehend, darf anschließend alles genüsslich aufgeknabbert werden.
Weidenbrücken gibt es im Zoofachhandel in unterschiedlicher Breite und Länge. Sie sind biegsam und können vielseitig eingesetzt werden: als Einstiegshilfe (→ Seite 65), als Unterschlupf (→ Seite 48) oder zum Darüberklettern.
Hürden: Sind Sie im Heimwerken nicht so geschickt, dann können Sie eine Reihe

Oben: Wenn oben eine leckere Belohnung lockt, steigt Löwenköpfchen Wuschel gern die Ytongtreppe hoch. Unten: Ronja springt in null Komma nichts über die Dosenhürde.

Solch ein Sandkasten zum Buddeln und Relaxen ist ein Traum für Kaninchen.

Konservendosen ins Gehege stellen (→ Foto, Seite 125 unten), über die das Kaninchen springen kann. Sind Sie ein Bastler, achten Sie auf Folgendes: Bauen Sie die Hürde nicht zu hoch, 15–20 cm reichen für Zwergkaninchen völlig aus. Es geht hier nicht um Leistungssport, sondern um eine artgerechte Fitnessübung. Die Hürde muss stabil stehen (große Bodenplatte) und sollte mindestens 50 cm lang sein.
Weitere von mir entwickelte Beschäftigungsideen: Ytongtreppe (→ Foto, Seite 125), Wippe (→ Seite 133), Slalomparcours (→ Seite 132) und Wohnturm samt Buddelkiste (→ Seite 69). Die Bastelanleitungen dazu finden Sie in der App.
Wetterfeste Einrichtungsvorschläge speziell für draußen finden Sie auf Seite 76f.

KREATIVE BASTELIDEEN ZUM FUTTER-ERARBEITEN

Immer alles im Futternapf serviert zu bekommen ist auch für Zwergkaninchen auf Dauer wenig anregend. Bringen Sie etwas Abwechslung in das tägliche Einerlei, getreu dem Motto: Erst die Arbeit, dann das Futter als Belohnung.
Heusocke: Stopfen Sie eine Baumwollsocke mit Heu aus, schneiden Sie sie unten auf, damit sich der Zwerg das Heu herauszupfen kann. Oben mit einer Kordel zusammenbinden und erhöht ans Gitter hängen (→ Seite 129).
Futterkette: Schneiden Sie Gemüse (→ Tabelle, Seite 89) in dicke Scheiben oder Stücke, dazu zwei Apfelviertel, und

Anregungen aus der Natur
Im Herbst können Sie zusammen mit Ihrem Kind trockenes Laub sammeln. Das macht Spaß und ist ein tolles Mitbringsel für die Zwerge, die die Blätter gern fressen. Auch Mooskissen aus dem Wald, mit denen Sie die Obstkiste im Gehege auspolstern, oder trockene Rinden- sowie Wurzelstücke sind eine beliebte Knabberkost, mit der sich die Zwerge sehr lang beschäftigen können.

fädeln Sie diese mithilfe einer dicken Nadel auf einen Bindfaden. Die Kette erhöht im Gehege aufspannen oder ans Gitter hängen, sodass sich die Zwerge zum Knabbern strecken müssen. Sie können auch frische Kräuter oder Wiesengrün bündeln und erhöht am Gitter aufhängen.

Knabber-Igel: Löcher in eine Papprolle (von Toiletten- oder Küchenpapier) bohren und in die Löcher Kräuterpellets stecken. Die Tiere rollen den Knabber-Igel gern herum und sind so längere Zeit beschäftigt (→ Seite 129).

Pinienzapfen (Dekoartikel): In die Zwischenräume getrocknete Karotten- oder Gemüsechips stecken, die das Kaninchen dann herausknabbern muss (→ Seite 129).

Hinweis: Bastelanleitungen für von mir entwickelte Beschäftigungsideen wie Futtertopf, Eierkarton oder Knabberbaum (→ Seite 128/129) finden Sie in der App.

SPIELZEUG FÜR CLEVERE ZWERGE

Auf Seite 128/129 zeige ich Ihnen drei Intelligenzspielzeuge für Kaninchen: Futterrolle mit Seil, Klappenspiel und »Deckel hoch« (→ auch Foto, Seite 131 rechts). Die zu lösenden Aufgaben sind unterschiedlich schwer und erfordern neben Kopfarbeit auch eine gewisse körperliche Geschicklichkeit von den kleinen Fellnasen.

Futterrolle mit Seil: Sie kann entweder durch Stupsen, Kratzen mit der Pfote oder durch Ziehen am Seil in Bewegung gesetzt werden. Die Löcher sind versetzt, sodass beim Befüllen kein Futter rausfällt und beim Drehen nur wenig rauskommt.

Klappenspiel: An die Belohnung gelangt der Zwerg, wenn er mit dem Kopf oder der Nase die Deckel hochklappt.

»Deckel hoch«: Ihr Zwerg muss mit der Schnauze oder den Pfoten die Holzdeckel abnehmen oder wegdrücken, um an das Futter in den Aussparungen zu gelangen.

Anfangshilfe: Gehört Ihr Zwerg nicht zu den cleversten Kerlchen, dann dürfen Sie ihm anfangs ein wenig helfen. Drehen Sie die Rolle einige Male, bis Ihr Zwerg die Funktionsweise versteht, bzw. halten Sie eine Klappe oder einen Deckel etwas auf, bis Ihr Zwerg das Futter in der Vertiefung riecht und dann selbstständig ganz öffnet. Doch bekanntlich macht Übung den Meister, und bald hat auch Ihr Zwergkaninchen verstanden, wie es am geschicktesten an die Belohnung gelangen kann.

Hinweis: Die oben beschriebenen Logikspiele und noch weitere gibt es in ähnlicher Ausführung mit unterschiedlicher Produktbezeichnung im Fachhandel zu kaufen (→ Bezugsquellen, Seite 141).

Futter- und Beschäftigungsspiele

Zweige zum Knabbern
Ob mit Knospen oder Grün, am besten erhöht aufhängen

Überraschungskarton
Pappkarton mit Heu gefüllt, das sich der Zwerg aus den Löchern zupfen kann

Futterrolle mit Seil
Die Rolle lässt sich drehen, bis die Snacks durch die Löcher herausfallen.

Klappenspiel
Das Kaninchen stupst mit der Schnauze die Klappen auf und gelangt so an die Leckerlis.

Eierkarton
Zum Futter-Erarbeiten

Holzrolle mit Glocke
Lässt sich herumrollen oder -tragen

Astkugel mit Sisal
Beschäftigungsspielzeug

Großer Weidenball
Zum Spielen und Knabbern

Futterkugel
Gefüllt mit Petersilie, die herausgezupft werden kann

Heusocke
Erhöht aufhängen, damit sich der
Kleine danach strecken muss

Knabberbaum
Gespickt mit Köstlichkeiten, sorgt er für
stundenlangen Futterspaß und Fitness.

Futtertopf
Ein Futterspieß steckt
im Eimer, der mit
Steinen gegen Umfal-
len beschwert wird.

Deckel hoch
Der Zwerg gelangt an die Belohnung, wenn er mit dem Maul oder
den Pfoten den Deckel weghebt.

Weidenringe
Spiel- und
Knabberspaß

Pinienzapfen
Zum Futter-
Erarbeiten

Snackball
Beim Herumrollen fallen
Leckerlis aus der Öffnung.

Sisalhantel
Wird gern
getragen und
beknabbert

Graskugel
und Weidenball
Die Tiere können sie
kugeln, in die Luft schleudern
und auffressen.

Knabber-Igel
Zum Futter-Erarbeiten

Können Zwergkaninchen etwas lernen?

Seinem Kaninchen etwas beizubringen kann die Bindung
zum Tier festigen, Spaß bereiten und den täglichen Umgang für
Mensch und Tier harmonischer gestalten.

Warum soll ein Kaninchen etwas lernen? Denken Sie nur an den regelmäßigen Körper-Check (→ Seite 94) oder wenn ein Tierarztbesuch erforderlich wird. Wie viel stressfreier verläuft es für beide Seiten, wenn Ihr Zwerg im Vorfeld gelernt hat, auf Zuruf herbeizukommen.

DIE RICHTIGE MOTIVATION

Das Kaninchen wird zum Lernen angeregt, wenn es dafür mit einem Leckerbissen belohnt wird. Auch lobende Worte wie: »Gut hast du das gemacht« nimmt das Tier durchaus wahr. Nach und nach verknüpft der Zwerg seine angenehmen Gefühle mit der von Ihnen gewünschten Verhaltensweise und ist mit Freude dabei. Wird eine Übung nicht erfolgreich ausgeführt, dann gibt es dafür keine Belohnung. Versuchen Sie stattdessen, diese Aufgabe zu wiederholen. Bleiben Sie trotzdem bei allem immer freundlich und geduldig, denn nicht alle Kaninchen lernen gleich schnell. Vermeiden Sie jeglichen Druck und Zwang, denn dies könnte bei Ihrem Kaninchen Angst auslösen und zur Vermeidungshaltung führen!

Wo und wann übt man am besten?

Kaninchen lernen am leichtesten in ihrer vertrauten Umgebung und zu ihren aktiven Zeiten in der Früh und ab dem späten Nachmittag. Damit die Belohnung mit Futter noch genügend Anreiz bietet, sollte sich der Kleine zuvor nicht komplett satt gefressen haben. Und manchmal ist ein Kaninchen auch mit Wichtigerem beschäftigt wie etwa Löcher buddeln, mit Artgenossen kuscheln oder ein Ruhepäuschen einlegen. Dann verschieben Sie das Training halt auf später.

AUF ZURUF KOMMEN

Wer zwei oder mehr Zwergkaninchen hält, übt anfangs besser mit jedem Tier einzeln. Sonst kommt die ganze Meute gleichzeitig angelaufen, oder der Frechdachs schnappt sich die Belohnung, und das Sensibelchen geht leer aus. Außerdem lenkt eine Gruppe beim Training zu sehr ab. So geht's: Begeben Sie sich auf die gleiche Ebene wie das Tier, indem Sie sich zu ihm auf den Boden legen. Denn vergessen Sie nicht: Für das kleine Zwergkaninchen sind Sie ein wahrer Riese, der ungefähr elfmal so groß ist.

Widderchen Flocke hat sich gemerkt, welcher Napf das Futter enthält.

Erst mit der Schnauze den Deckel wegstupsen, dann gibt's die Belohnung.

Das wäre in etwa so, als würde ein Wesen von 18 Metern (höher als ein Einfamilienhaus) vor Ihnen stehen. Mich würde in solch einer Situation sicherlich der Mut verlassen. Strecken Sie Ihrem Zwerg nun die Hand mit dem Leckerbissen entgegen und locken den Kleinen mit freundlicher Stimme herbei, indem Sie seinen Namen mit dem Kommando »Komm« verbinden. Zum Beispiel: »Stupsi, komm«, oder umgekehrt. Kommt der Kleine angehoppelt, darf er zur Belohnung den Leckerbissen aus Ihrer Hand futtern.

EIN KANINCHEN IST KEIN HUND

»Klar, weiß ich auch«, werden Sie sicherlich denken. Doch wenn ich sehe, wie immer mehr Trainingsmethoden und Sportarten aus dem Hundebereich an unseren Kaninchen ausprobiert werden, scheinen es manche Menschen zu vergessen: Kaninhop, Kaninchenagility, Rabbitdancing oder Gassigehen an der Leine, Clickertraining (→ Seite 137). Doch ein Kaninchen ist kein Ausdauersportler wie der Hund. Man sollte mit ihm höchstens 5 Minuten üben und das Tier dann ziehen lassen, sobald es keine Lust mehr hat. Während ein Hund sein Stöckchen auch nach dreißigmal werfen noch mit großer Begeisterung apportiert, hat ein Kaninchen keine Freude daran, einem Kommando Folge zu leisten, um seinem Menschen damit zu gefallen. Dazu kommt, dass für das revierbezogene Tier Ortswechsel und eine fremde Umgebung Stress pur bedeuten. Und es mag auch nicht an Leine und Geschirr Gassi gehen oder über Hürden springen. Sobald etwas den Zwerg erschreckt, würde er instinktiv versuchen die Flucht zu ergreifen – mit fatalen Folgen. Denn die kleinen Racker sind nun mal Fluchttiere und keine Hunde!

Auf Entdeckertour: Hier ist was los!

Buddeln macht Spaß

In der Wohnung gibt es keine Erde, in der das Kaninchen graben kann. Bieten Sie ihm stattdessen eine Buddelkiste an. Hier eine einfache Lösung: Legen Sie in ein umgedrehtes Häuschen (erleichtert den Einstieg) eine Kunststoffschale und füllen Sie diese mit Spielzeugsand. Die Schale lässt sich einfach rausnehmen, so können Sie den verschmutzten Sand leichter entsorgen. Verzichten Sie darauf, sollten Sie eine unbehandelte Holzkiste innen mit einer ungiftigen wasserabweisenden Lasur imprägnieren.

Im Slalom hinter der Karotte her

Inspiriert vom Agility, habe ich für unsere Zwergkaninchen zum Futter-Erarbeiten einen Parcours gebaut (→ Bauanleitung in der App). Zu Übungszwecken verwenden Sie am besten eine Karotte mit langstieligem Grün. So geht's: Anfangs den Leckerbissen auf den Boden vor dem Parcours legen. Kommt der Zwerg herbeigehoppelt, darf er zur Belohnung am Karottengrün knabbern. Dann ziehen Sie das Futter wie auf dem Foto abgebildet ganz langsam um die einzelnen Äste herum. Folgt der Kleine im Slalom, lassen Sie ihn zwischendurch am Grün knabbern, damit er nicht die Lust verliert.

Hopp, auf den Rücken

Eine leichte Übung, die auch Kindern Spaß macht. Legen Sie sich dazu auf den Bauch und locken den Zwerg mit Futter zu sich. Dann den Leckerbissen langsam über die Schulter in Richtung Rücken halten. Schlaue Kerlchen wie Stupsi verstehen sofort, wie es geht, und hopsen auf den Rücken, um an der Karotte zu knabbern.

Eltern-TIPP

Schritt für Schritt
Kinder werden im Übereifer schnell ungeduldig und überfordern den Zwerg. Lassen Sie Ihr Kind erleben, wie es einem Tier etwas liebevoll beibringt und es mit lobenden Worten und Leckerbissen motiviert. Leiten Sie Ihr Kind an, wie der Zwerg Schritt für Schritt sogar kleine Kunststücke lernt. Dann ist es ein Gewinn für beide – Kind und Tier. Hat die kleine Fellnase keine Lust mehr, muss das Kind die Ruhepause akzeptieren.

Balance trainieren

Ein Untergrund, der sich bewegt, ist eine Herausforderung auch für coole Fellnasen, denn das kommt in der Natur nicht vor. So geht's: Den Zwerg mit einem Leckerli auf die Wippe (→ Bauanleitung in der App) locken, dann das Futter langsam weiter zu sich ziehen, bis der Zwerg über den Kipppunkt der Wippe läuft. Die ersten Male die Wippe mit der Hand abstützen, damit das Kaninchen beim Kippen nicht erschrickt.

AB INS KÖRBCHEN

Kaninchen lassen sich von Natur aus nicht gern hochnehmen und herumtragen. Vor allem die ungestümen unter ihnen setzen sich massiv zur Wehr und versuchen sich zu befreien, indem sie wie wild zu zappeln anfangen, mit den Hinterläufen ausschlagen, kratzen und beißen. Lässt man das Tier versehentlich fallen, kann es sich die Knochen brechen und andere schlimme Verletzungen zuziehen. Auch wenn ein Zwerg zutraulich und eher sanftmütig ist, empfehle ich – vor allem für Kinder – den Korbtransport (→ Foto, Seite 135). Am angenehmsten ist es für das Kaninchen, wenn es lernt, von allein in den Korb zu springen und darin sitzenzubleiben. So gewöhnen Sie das Tier daran:

Eltern-TIPP

Ein gutes Gedächtnis?
Ein Logikspiel, das Ihrem Kind und seinem Kaninchen Spaß machen wird: Vier Pappbecher in eine Reihe stellen und nur unter einem Becher ein Leckerli verstecken. Der Zwerg wird nun die Becher weg- oder umstupsen, um an die Belohnung zu gelangen. Lassen Sie Ihr Kind das Spiel wiederholen, indem es das Leckerli wiederum an gleicher Stelle versteckt. Hat sich das Tier den Futterbecher gemerkt?

- Korb zum Kennenlernen auf die Seite kippen und Leckerbissen hineinlegen.
- Holt sich der Kleine das Futter aus dem Korb, locken Sie ihn beim nächsten Mal mit dem Kommando »Korb«, »Körbchen« oder verbunden mit seinem Namen herbei. Zum Beispiel: »Mogli, Korb«. Achten Sie darauf, immer die gleichen Worte zu verwenden.
- Nun den Korb richtig hinstellen. Springt das Kaninchen auf Befehl hinein, gibt's jetzt als Belohnung den Leckerbissen aus der Hand. Die Übung mehrmals wiederholen, bis das Tier die Verknüpfung verstanden hat: In den Korb hopsen heißt Futterbelohnung.
- Jetzt können Sie den Zwerg sicher im Korb hochnehmen und tragen. Üben Sie anfangs nur kurze Strecken, dann wieder absetzen und ein ruhiges Verhalten belohnen. Trotzdem sollte das Tier nicht unnötig herumgetragen werden, und sicherheitshalber bleibt beim Transport eine Hand stets auf dem Rücken des Zwergkaninchens liegen.

UNANGENEHME GEFÜHLE

Es gibt Kaninchen, die regelmäßig vom Tierarzt behandelt werden müssen, wie zum Beispiel Tiere mit Zahnanomalien (→ Seite 116). Diese Behandlungen sind für den kleinen Patienten mit viel Stress und auch Schmerzen verbunden. Was kann passieren? Das Kaninchen wird anfangen, die Transportbox mit unangenehmen Gefühlen zu verknüpfen: Box = Schmerzen. Nun kann man dem Tier nicht erklären, dass diese Behandlungen leider notwendig für seine Gesundheit sind. Infolgedessen wird das Kaninchen – sobald Sie die Transportbox ins Gehege stellen – aus Angst davor instinktiv flüchten und versuchen, sich irgendwo zu verstecken. Und dann wird der Stress für Mensch und Tier noch größer. Was tun?

Die Therapie

Für solche Dauerpatienten empfehle ich eine Transportbox, wie sie für Katzen verwendet wird: mit abnehmbarem Oberteil (ohne Gittertür oben). Stellen Sie die Box ins Gehege und belassen sie dort. Die Gittertür wird vorne ausgehängt, sodass der Zwerg jederzeit freien Zugang hat. Ab sofort verteilen Sie Futter in der Box, und zwar am besten nur dort und dies jeden Tag. Nach und nach gewöhnt sich der Zwerg daran, in der Transportbox zu fressen, vielleicht auch darin zu ruhen. Durch diese Methode können Sie Ihrem Kaninchen zwar leider auch zukünftig die notwendigen Behandlungen nicht ersparen. Aber die bisherige Verknüpfung Box = Schmerzen wird nun zumindest unterbrochen oder stark abgemildert durch die positive Verknüpfung Box = Futter plus Geborgenheit.

In solch einem Einkaufskorb aus Weide können auch Kinder ihren Zwerg sicher hochnehmen und tragen.

WIE WERDEN KANINCHEN STUBENREIN?

Kaninchen sind von Natur aus reinliche Tiere. In der Regel benutzen sie in ihrem Stall oder Zimmerkäfig ein bestimmtes Eckchen als Toilette, damit ihr Ruheraum sauber bleibt. Eigentlich eine gute Voraussetzung, um sie zur Stubenreinheit zu erziehen. Wenn da nicht ihr Markierungsverhalten wäre, also das Bedürfnis, ihr Territorium mit duftenden Hinterlassenschaften zu kennzeichnen (→ Seite 42f.).

Aber nicht verzagen, zeigen Sie Geduld und Ausdauer. Viele Zwergkaninchen lassen sich zumindest zu einer gewissen Reinlichkeit erziehen. Erwarten Sie jedoch nicht von einem Kaninchen, dass es ausschließlich und so zuverlässig auf seine Toilette geht wie eine Wohnungskatze. Versuchen Sie es folgendermaßen:

Je früher, desto leichter: Beginnen Sie mit der Erziehung gleich von Anfang an und warten Sie nicht erst ab, bis ihre Zwerge den gesamten Auslauf vollgeköttelt und -uriniert haben.

Der richtige Ort: Um ihre Ausscheidungen zu hinterlassen, suchen die Kleinen bevorzugt Ecken und dunkle Verstecke auf. Stellen Sie die Toilette am besten an einem Platz auf, den sich die Tiere zuvor selbst ausgesucht haben.

Als Kaninchentoilette dient eine mit Einstreu gefüllte Kunststoffschale. Keine Klumpstreu verwenden (→ Seite 67)! Sie können auch ein handelsübliches geräumiges Katzenklo mit Rand oder Haube, allerdings ohne Klapptür nutzen. Darin können die kleinen Racker auch mal buddeln, ohne die Einstreu im ganzen Zimmer zu verteilen. Legen Sie ein paar Kotkügelchen und etwas Streu aus der »Schmuddelecke«

Stellen Sie einen Holzhocker über die Toilette, das gefällt auch Ihren Zwergen.

hinein. So verstehen die Kaninchen besser, wozu das neue Kistchen dient.

Beobachten Sie Ihre Zwergkaninchen genau. Macht ein Tier Anstalten, irgendwohin zu pinkeln – es hebt dazu leicht das Hinterteil –, sagen Sie ihm kurz und deutlich »Pfui!«. Dann den Zwerg – sofern er schon zutraulich ist – aufnehmen und auf sein Kistchen setzen.

Positive Verstärkung: Hüpft ein Kaninchen in seine Toilette und köttelt hinein, dann loben Sie den Kleinen mit »Brav«, welches Sie im Gegensatz zu »Pfui« gedehnt aussprechen, damit das Tier beides gut voneinander zu unterscheiden lernt. Und zur Belohnung bekommt der Zwerg für sein Verhalten einen Leckerbissen.

Reinigen: Kotpillen, die daneben landen, möglichst gleich in das Kistchen geben, wegkehren oder -saugen. Urinflecken im Teppich oder auf dem Boden umgehend entfernen, denn Kaninchen haben eine sehr feine Nase und benutzen diese Plätze sonst erneut. Zum Entfernen von Urin bei der Sauberkeitserziehung keinen Essig oder Essigreiniger verwenden, er ist für Kaninchen dem Harnstoff zu ähnlich! Es gibt speziell für Tierurin biologische Geruchsentferner mit Mikroorganismen.

Strafen sind tabu! Schreien Sie ein Kaninchen niemals an und geben Sie ihm auch keinen strafenden Klaps auf sein Hinterteil. Dies wäre nicht nur unfair. Sie würden damit auch genau das Gegenteil erreichen. Denn ein verstörter Zwerg wird mit Sicherheit erst recht nicht sauber.

Probleme mit der Sauberkeit?

Wenn ein neuer Artgenosse einzieht, kann es vorübergehend dazu kommen, dass der Alteingesessene erst mal sein Revier er-

> ## TIPP
>
> **Clickertraining**
> Bei dieser Lernmethode wird das Tier durch ein Klickgeräusch auf eine gewünschte Verhaltensweise hin konditioniert. Anfangs erfolgt die positive Verstärkung mit zusätzlichem Leckerli, im Folgetraining nur noch über den Clicker. Wer es probieren möchte, sollte sich zuvor informieren.

neut markiert. Nach der Gewöhnungsphase legt sich dies meist wieder. Auch Stress, wie ein Umzug, fremde Personen oder der Verlust eines Kaninchenpartners kann ein Kaninchen verunsichern und dazu führen, dass es wieder unsauber wird.

Hinweis: War Ihr Zwerg lange Zeit sauber und uriniert nun ohne erkennbaren Anlass neben seine Toilette, können eine Harnwegsinfektion, Blasensteine oder andere Gesundheitsprobleme vorliegen. Gehen Sie zur Sicherheit zum Tierarzt.

EPILOG: VON ARTIGEN UND UNARTIGEN ZWERGKANINCHEN

Liebenswert sind sie alle, doch manchmal können die kleinen Racker einen schon zur Verzweiflung bringen. Da hat man einen Moment nicht aufgepasst und die Gehegetür nicht richtig geschlossen, und schon ist die ganze Meute ausgebüxt und will sich partout nicht wieder einfangen lassen. Es ist auch zu vergnüglich, im Garten die frisch angelegten Beete umzugraben, Frauchens Lieblingsrosen abzufressen

und die frechen Katzen energisch in die Flucht zu schlagen. Wurde auch höchste Zeit! Die haben die kleinen Fellnasen eh schon viel zu lange geärgert, weil sie permanent auf dem Gehege rumspaziert sind. Auch im Haus gibt es immer was zu tun. Die neuen Fußleisten aus Holz zum Beispiel sahen so glatt doch einfach langweilig aus. Also nichts wie rein mit den scharfen Beißerchen, dazu sind sie schließlich da. Mit den neuen Verzierungen sehen die Holzleisten jetzt viel schöner aus. Und was die Menschen so alles zu sich einladen, kann Kaninchen überhaupt nicht verstehen. Kommt doch neulich so ein unangenehm sabberndes Tier namens Pauli an das Gehege und steckt seine Schnauze durch das Gitter. Durfte er eigentlich nicht, aber Hunde folgen halt auch nicht immer. Zwerg Ronja ist vor lauter Schreck blitzschnell in ihr Häuschen geflitzt. Nicht so Kleinschecke Bubi, ihr Partner und Beschützer. Eh ich michs versehe, springt Bubi gegen das Gitter und beißt zu. Welch ein Drama! Ein jaulender Hund, ein entsetztes Frauchen, das Bubi einen Killerhasen nennt und kurz darauf mit Pauli beleidigt die Wohnung verlässt. Bubi klopft zum Abschied noch zwei-, dreimal aufgeregt mit den Hinterläufen auf den Boden, um dann zu seiner Ronja zu hoppeln. Ich atme dreimal tief durch, gehe in die Küche und hole Leckerlis, die es nur zu besonderen Anlässen gibt. Ich finde, die haben sich die beiden auf diesen Schrecken hin verdient. Sie sehen, liebe Leserinnen und Leser, das Leben mit Kaninchen bringt immer wieder Überraschungen. Damit verabschiede ich mich und hoffe, dass ich Ihnen mit meinem Ratgeber das Wesen der Zwerge näherbringen konnte.

Register

Adressen und Literatur

Verbände/ Vereine

Zuchtverbände

Zentralverband Deutscher Rasse-Kaninchenzüchter e. V. (ZDRK),
Wolfgang Elias, Schlagweg 12, 34289 Zierenberg
www.zdrk.de

Rassezuchtverband Österreichischer Kleintierzüchter (RÖK),
Geschäftsstelle: Unterlochnerstr. 17b, A-5230 Mattighofen
www.kleintierzucht-roek.at

Rassekaninchen Schweiz,
Henzmannstr. 18,
Ch-4018 Basel
www.kleintiere-schweiz.ch

Tierschutz

Deutscher Tierschutzbund e. V., In der Raste, 53129 Bonn
www.tierschutzbund.de
Urlaubs-Beratungsservice des Deutschen Tierschutzbundes:
Tel.: 0228 604 96 27,
Mo–Do 9–17 Uhr, Fr 10–16 Uhr

Österreichischer Tierschutzverein, Berlagasse 36,
A-1210 Wien
www.tierschutzverein.at

Schweizer Tierschutz (STS),
Dornacherstr. 101,
CH-4018 Basel
www.tierschutz.com

Tierärztliche Vereinigung für Tierschutz e. V. (TVT),
Bramscher Allee 5,
49565 Bramsche
www.tierschutz-tvt.de

Adressen-Verzeichnis von Tierärzten

Bundesverband praktizierender Tierärzte e. V. (BPT),
www.smile-tierliebe.de

Tierarztpraxen, die mit Naturheilverfahren arbeiten

Gesellschaft für ganzheitliche Tiermedizin e. V. (GGTM),
Mooswaldstr. 7,
79227 Schallstadt
www.ggtm.de

Fragen zur Haltung beantworten auch:

Ihr Zoofachhändler und der Zentralverband Zoologischer Fachbetriebe Deutschlands e. V. (ZZF), www.zzf.de,
Online-Portal des ZZF:
www.my-pet.org,
Tel.: 0611/44755330
(nur telefonische Auskunft möglich: Mo 12–16 Uhr,
Do 8–12 Uhr)

Empfehlenswerte Internetadressen

Kaninchen-Homepage

www.kaninchen-online.de
www.zwergkaninchen.info
www.rabbit.org (englisch)

Kaninchen-Tierschutz

www.bunnyhilfe.de
www.sweetrabbits.de
www.kaninchenhilfe.com

Mit Züchter-Adressen

www.kaninchenzucht.de

Kaninchen-Shops

www.kaninchenladen.de
www.steppenlemming.1a-shops.eu
www.plueschnasen.de
www.just4bun.de
www.hasenhaus-im-odenwald.de
www.hansemanns-team.de

Ställe und Gehege

www.kleintiervilla.de
www.hasenstall-bau.de
www.kleintierstaelle.ch

Bezugsquellen für

Ziegen-Aufzuchtmilch
(→ Seite 121)
www.zimic.de

Natur-Struktur-Müsli
(→ Seite 90)
www.noesenberger-kaninchen-futter.de

Wurfkiste
(→ Seite 119)
www.tierbedarfkirschstein.de

Informationen über giftige
Pflanzen
www.giftpflanzen.ch

Bücher

Böhmer, Dr. E.: **Zahnheilkunde bei Kaninchen und Nagern.**
Schattauer Verlag, Stuttgart

Caspari, C./Schauer, T.:
Pflanzenführer für unterwegs.
BLV Verlag, München

Linke-Grün, G.: **Zwergkaninchen. Wohlfühl-Heime gestalten.** Gräfe und Unzer Verlag,
München

Linke-Grün, G.: **300 Fragen zum Zwergkaninchen.** Gräfe
und Unzer Verlag, München

McBride, A.: **Kaninchen verstehen.** Pala Verlag,
Darmstadt

Morgenegg, R.: **Artgerechte Haltung – ein Grundrecht auch für (Zwerg-)Kaninchen.**
tbv tierbücher verlag, Obfelden/Schweiz

Schmidt, E.: **Spiel- und Wohnideen für Zwergkaninchen.**
Gräfe und Unzer Verlag,
München

Wegler, M.: **Kaninchen im Außengehege.** Gräfe und
Unzer Verlag, München

Wegler, M.: **Zwergkaninchen.**
Gräfe und Unzer Verlag,
München

Winkelmann, J.: **Kaninchenkrankheiten,** Ulmer Verlag,
Stuttgart

Empfehlenswerte DVD

Von Feldhasen und Wildkaninchen.
Hans-Jürgen Zimmermann,
APZ Medienproduktion und
Vertrieb

Zeitschriften

Kaninchenzeitung. Hobby-
und Kleintierzüchter Verlagsgesellschaft mbH & Co. KG,
Berlin
www.kaninchenzeitung.de

Rodentia. Kleinsäuger-Fachmagazin. Natur und Tier-Verlag, Münster
www.ms-verlag.de

Ein Herz für Tiere. Ein Herz für
Tiere Media GmbH, München
www.herz-fuer-tiere.de

Wichtige Hinweise

Allergie: Manche Menschen reagieren allergisch auf Tierhaare. Wenn Sie unsicher sind, sollten Sie sich vor dem Kaninchenkauf beim Arzt testen lassen.

Stromunfälle: Elektrische Leitungen müssen so abgesichert und verlegt werden, dass Kaninchen sie nicht benagen können.

Verletzungen: Kommt es im Umgang mit den Kaninchen zu Verletzungen, die Wunden gut desinfizieren und verbinden. Ist Ihre Tetanusimpfung noch wirksam? Im Zweifelsfall den Arzt aufsuchen.

Die werden Sie auch lieben.

Impressum

Die Fotografin

MONIKA WEGLER ist ausgebildete Profifotografin, die sich 1983 auf die Tierfotografie spezialisiert und selbstständig gemacht hat. Erfolgreich und bekannt wurde sie vor allem durch ihre vielen Ratgeber und exklusiven Tierkalender. Weitere Informationen über ihre Arbeit: www.wegler.de.

Alle Motive in diesem Buch stammen von **Monika Wegler**, mit Ausnahme von:
Junior Bildarchiv: 23 li.;
Mauritius images: 23 re.;
shutterstock/colors: U8 (Hintergrundstruktur);
Matias Kovacic (7mp.de): Illustrationen 48/49, 72/73, 92/93, 132/133.

Syndication:
www.seasons.agency

Projektleitung: Elke Sieferer
Lektorat: Angelika Lang
Umschlaggestaltung und Layout: independent Medien-Design, Horst Moser, München
Herstellung: Martina Koralewska
Satz: Ludger Vorfeld
Repro: Longo AG, Bozen
Druck und Bindung: F+W Druck- und Mediencenter, Kienberg

Umwelthinweis:
Dieses Buch ist auf PEFC-zertifiziertem Papier aus nachhaltiger Waldwirtschaft gedruckt.

Printed in Germany

ISBN 978-3-8338-4217-7

4. Auflage 2019

Liebe Leserin, lieber Leser,

haben wir Ihre Erwartungen erfüllt? Sind Sie mit diesem Buch zufrieden? Haben Sie weitere Fragen zu diesem Thema? Wir freuen uns auf Ihre Rückmeldung, auf Lob, Kritik und Anregungen, damit wir für Sie immer besser werden können.

GRÄFE UND UNZER Verlag
Leserservice
Postfach 86 03 13
81630 München
E-Mail:
leserservice@graefe-und-unzer.de

Telefon: 00800 / 72 37 33 33*
Telefax: 00800 / 50 12 05 44*
Mo–Do: 9.00 – 17.00 Uhr
Fr: 9.00 – 16.00 Uhr
(* gebührenfrei in D, A, CH)

Ihr GRÄFE UND UNZER Verlag
Der erste Ratgeberverlag – seit 1722.

 www.facebook.com/gu.verlag

Die **GU-Homepage** finden Sie im Internet unter **www.gu.de**

GRÄFE UND UNZER

Ein Unternehmen der
GANSKE VERLAGSGRUPPE